CG进阶

SAI+Photoshop男性动漫角色绘制技法

吴博 编著

清华大学出版社
北京

内 容 简 介

　　本书详细介绍了使用SAI+Photoshop软件进行男性动漫角色绘制的方法与技巧，内容涵盖快速造型龙生九子之玄幻武将、快速造型龙生九子之狴犴、快速造型龙生九子之囚牛、快速造型龙生九子之鸱吻、快速造型龙生九子之其他、古装游戏角色、巡逻中的龙骑兵、华丽之男法师、Q版男性路径鼠绘法、Q版男性直接上色法、治愈之光、治疗之术、冲锋之骑兵、坚毅之斧手、狮之骑兵、指挥者、崖上的拦截者等。

　　本书适合有一定美术基础，希望进行动漫角色绘制的爱好者和相关专业院校的学生。

图书在版编目（CIP）数据

CG进阶：SAI+Photoshop男性动漫角色绘制技法 / 吴博编著.--北京：清华大学出版社，2012.5
ISBN 978-7-302-27519-0

Ⅰ.①C… Ⅱ.①吴… Ⅲ.①动画制作软件，SAI、Photoshop Ⅳ.①TP391.41

中国版本图书馆CIP数据核字（2011）第263337号

责任编辑：陈绿春
封面设计：潘国文
版式设计：北京水木华旦数字文化发展有限责任公司
责任校对：徐俊伟
责任印制：张雪娇

出版发行：清华大学出版社
　　　　　网　　　址：http://www.tup.com.cn，http://www.wqbook.com
　　　　　地　　　址：北京清华大学学研大厦 A 座　　　　邮　　编：100084
　　　　　社 总 机：010-62770175　　　　　　　　　　邮　　购：010-62786544
　　　　　投稿与读者服务：010-62776969，c-service@tup.tsinghua.edu.cn
　　　　　质 量 反 馈：010-62772015，zhiliang@tup.tsinghua.edu.cn
印 刷 者：北京世知印务有限公司
装 订 者：三河市新茂装订有限公司
经　销：全国新华书店
开　　本：203mm×260mm　印　张：16　插　页：4　　字　　数：443 千字
　　　　　（附光盘 1 张）
版　　次：2012 年 5 月第 1 版　　　　　　　　印　　次：2012 年 5 月第 1 次印刷
印　　数：1～5000
定　　价：59.00 元

产品编号：042371-01

提起笔来思绪万千，不知道从何说起。

整个暑假的时候都在不断地写着这些教程，每天已经完成了多少面，这样的签名一直在QQ签名中不断的更新——380、405、520……学生留言："老师是在画漫画吗？这么快？"我苦笑，要是漫画能够这么快的画，我早就无敌了。不断的更新签名，也是给自己一个心理暗示，要不然三本750面，是很难完成的。

这里的教程用图，都是2010年完成的一些商业稿件，也跟对方公司打了招呼了，重新解剖制作过程，制作成教程展示在大家眼前。算了算，基本上以前画过的图都改为了教程，身上也没有什么存货了。这一次真是连老底都翻出来了，等这三本上市以后，笔者也得重新开始自我修炼了，没有新图可是不行的。

反思一下，CG插图也不算我最为擅长的，有点小成就，但是还算不上厉害，只能说形成了一些小的技巧和经验，拿来跟大家分享一下，希望能够给初学者们一点启示。

20世纪80年代是动漫大量进入中国的年代，90年代漫画发展开始起步。到了2000年左右，电脑普及了，很多的画手就从漫画转向为CG插图，而这几年却是游戏原画和少女漫画发展迅猛。我虽然都尝试过，但是还是习惯做一些游戏设计还有漫画创作。现在接单方面属于自由状态，如果客户不喜欢我的风格，我就不接那单活，不想自己的风格到最后变的四不像，是什么样就什么样，自己找自己想尝试和自己喜欢的风格去做。所以，虽然技术风格并不是主流，但起码看起来还是自己的，不会被误认为是某某画师的作品。

我觉得画画的人还是得有一些坚持的，比如说，你最开始的梦想是什么，还记不记得？可能不能直接去做，或者做的时候总是遇到各种各样的困扰，还有迫于生活不得不转型转风格，这些都可能，但你还记得自己最初的梦想吗？我还记得，但是现在还没有机会去做，不过我还没有忘记，不断的练习、实践、改变生活和创作

前言

本教程主要使用软件：
Photoshop、
ComicStudio、
Easy Paint Tool SAI

前言

环境，总有一天，我会很开心的，不计功利的去做我想做的创作，总有这样的机会的，只要我不放弃。

我的教程中会有很多啰嗦、反复强调的语句，实际上绘画的时候也是这个样子，是我的个人的习惯，希望通过反复的强调让大家记住并熟悉这种绘画的步骤和流程，形成个人的绘画步骤和流程，慢慢的就会形成个人的绘画风格。希望大家在查阅的时候能够耐心点。

本书附带相应的光盘，里面有相应的素材或者图层文件，也可以给我来信交流，我的Email: witchlsc@qq.com。

希望大家能够在我的教程中学到点什么，哪怕一点，我都会觉得我写的有价值，那都是我的荣幸。

此次本书的编写，一来个人总结了之前CG创作的一些心得体会，二来为以后的学生们准备好一本专业教材。在下不才，不敢说致力于动漫文化推广或者什么，仅仅做好自己能做的事情，为本土的动漫教育事业略尽一点薄力。

夜已深，突然想起老师当年劝导我的一句话——"画一张，是一张"。有技术，有毅力，坚持下去，功到自然成。

参与编写的包括：桂鑫、杨智、毕丹、朱菲菲、曹阳、沈玥、董蕾、霍磊、郭少锋、邹洁、王倩、张利娜、邓兰、王刚、席占龙、王辰、王存宝、郝艳伟、王艳彦、陈志芳、王桂花、杜志江、李卫玮、杜振红、邓志勇、邓桃、宋玉龙、王润清、郝艳青、张振军、郭海桃、吴小燕、李霞、李金、董宪粉、王存江、刘艳九、张润、肖凤英、张小婷、王斌、高鹏飞。

吴博

目　录

目录

4

实例1

快速造型龙生九子
之玄幻武将

CG进阶 SAI+Photoshop男性动漫角色绘制技法

游戏角色的设计过程偏向于概念化设计，并不是和插图一样绘制的那么精细，而是要快速简洁的表达。

这期的主题是"龙生九子：玄幻武将"设计，因为后期要做三维模型和贴图，所以造型阶段就只要黑白，而且图像大小A5就可以了。

1 在Photoshop中使用画笔工具直接绘制出角色的动态和比例，一般来说推荐使用19号圆角画笔（比较钝的那种），这种画笔比较容易塑造与过渡。色彩就不需要了，直接单色即可。

2 直接使用白色与黑色，或者是黑色配合橡皮擦，把形体修改下。

3 画笔调小，可以用3像素的实芯画笔来塑造面部轮廓。

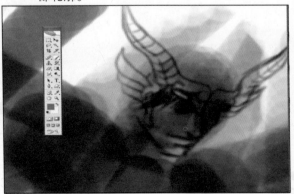

1 直接把头发涂黑，不需要什么光泽一类的，那些最后处理的时候再添加。

2 绘制出减淡的肩甲与胳膊的轮廓。

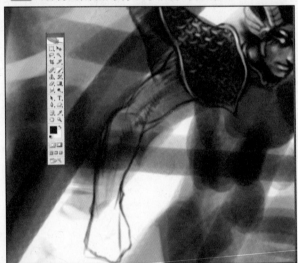

3 胳膊上的小细节可以带上。

1 右边的胸甲直接绘制上去,用白色直接绘制出金属的高光效果,不需要什么过渡。

2 肩甲重新设计,并且绘制一些花纹。

3 准备开始绘制武器锤子,使用矩形和椭圆形配合绘制出锤子的轮廓。

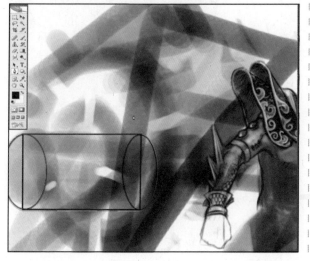

1 减淡渐变或者铺色把立体感的颜色表现出来。

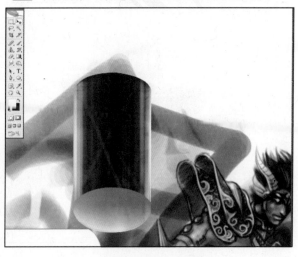

2 添加类似于狼牙棒的尖齿效果。

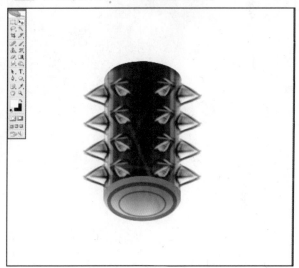

3 锤子的顶上也加一些花纹样式。

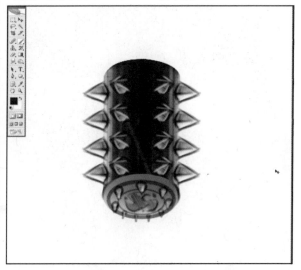

实例 1 快速造型龙生九子之玄幻武将

1 横置锤子, 加上手柄, 并且添加渐变效果。

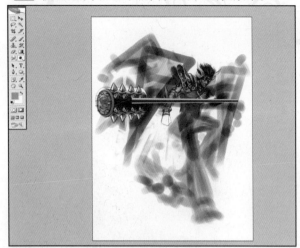

2 开始绘制裙甲。

3 制作一个小甲片, 并且复制很多, 形成群组, 贴在之前的裙甲范围内。

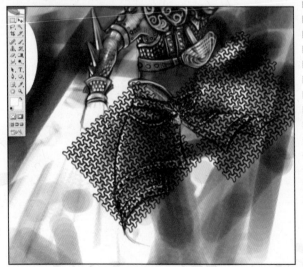

1 把多余部分的金属甲片删除或者擦除掉。

2 开始绘制大腿部分, 笔者没有想画成一半的裤子样, 而是贴身的软甲或者甲壳状。

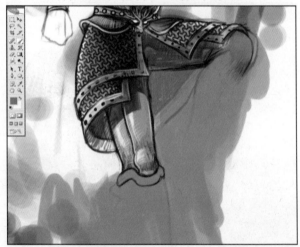

3 大腿部分这种甲壳状更加明显, 很有骨质的感觉。

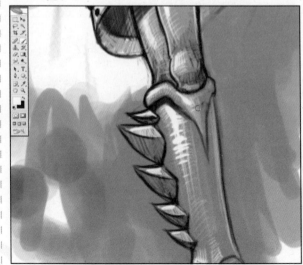

1 刻画一下腿部装甲的细节部分，并添加高光亮色细节。

2 绘制鞋子的部分，采取古式的鞋尖，有回卷的小结构。

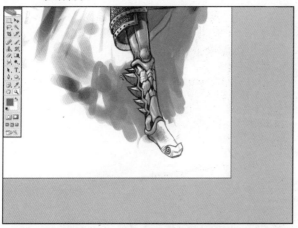

3 回到躯干上来，把其他胸部和腹部的一些装甲绘制好。

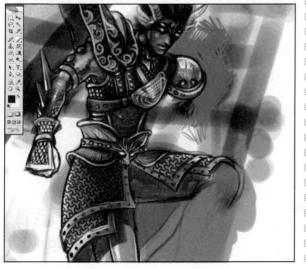

1 把之前的武器图层显示出来，并补充几个小棍子，形成三节棍加大锤的组合效果。

2 把角色部分抠图下来并保存。

3 棍子之间加入锁链，和做甲片的方式一样，做一个锁链之后不断复制，当然做成画笔来使用也是可以的。

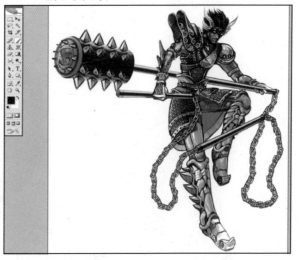

实例 1 快速造型龙生九子之玄幻武将

5

1 最后加上一个小龙头,做成嘴巴捆住的样式。

2 继续使用锁链连接起来。

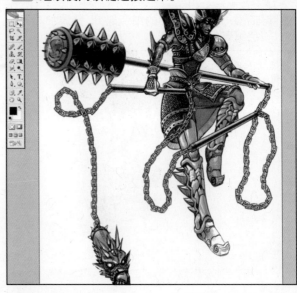

3 最终效果就完成了,可以交给三维人员进行模型与贴图的工序了。

实例2

快速造型龙生九子之狴犴

这次的造型命题是"龙生九子：狴犴（bi an）"。其形似虎，有威力，生平好讼，常见于古代牢门之上，震慑囚犯，民间有虎头牢的说法，是辨明是非，申张正义的神兽。实际上没有让我联想到什么很凶暴的形象，而是想到了"御猫展昭"，绝对公平正义啊。想象一下他拿着一把大刀的样子……虽然有点奇怪，不过笔者个人一般按照第一感觉去绘图，于是马上开始草稿了。

01

首先是在纸上铅笔草图，扫描到电脑中就开始PS加工出简单的效果。因为是小图创作，72dpi分辨率的，所以很快速。本来也只是用来做三维的参考图，所以细节上是不太注意的。头部就主要是个帅气的马尾加上奇怪的龙角与鳍耳。

②

⑤

③

⑥

肩膀部分的设计是呈现鳞片状一层层的包裹着披下来的样子，而上臂画上一些缠绕的龙纹，肘关节除了服饰上的部分以外，还加点野性的鬃毛样式。

然后就是沿着肘关节的服饰样式继续往下画，除开本身的布料感觉以外，加上逆行包裹的龙爪效果，再加入一些鳞状物即可。

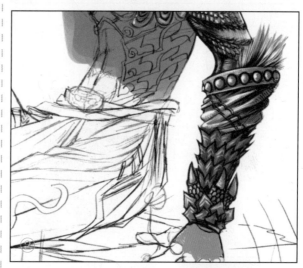

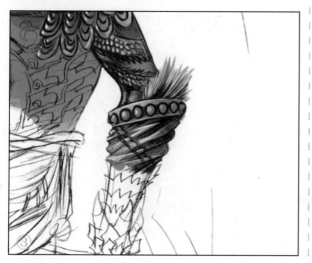

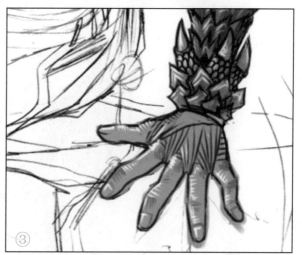

实例2 快速造型龙生九子之狴犴

胸甲部分借鉴了女性抹胸的样式，这样即使加上金属包边或者花纹什么的，看起来还是比较中性化一些，本来就要塑造帅小伙的形象嘛。而为了使角色不过于中性化，腹肌裸露出来，腰的侧面加上类似于外骨骼的甲片。

再就是腰带和古式的裙摆了，层叠效果多一些，这样感觉上比较厚实，可以在裙摆上随意来些花纹等。

①

①

②

②

③

③

CG进阶 SAI+Photoshop男性动漫角色绘制技法

然后便轮到腿部的结构了，没有什么特殊说明的地方，能够很好的表达金属质感与甲片之间的层叠结构就可以了。

大腿部分特地加了点类似于鞋带一样的捆绑小细节。

①

①

②

②

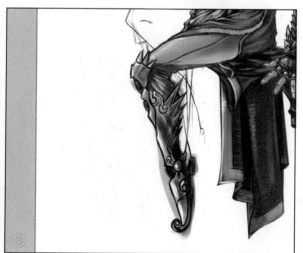

③

③

实例2 快速造型龙生九子之狴犴

刀身还比较好处理,简单的渐变效果再加些金属高光就行。

把处于身后的刀刃简单用渐变表达一下,再把胳膊补上即可。

CG进阶 SAI+Photoshop男性动漫角色绘制技法

①

①

②

②

③

③

加上草稿纸的纸纹效果，然后用文字工具加入名称、背景文字资料等，就完成如下效果。

因为是在72dpi的分辨率下作画，虽然速度快但是图像不大，放大以后会有马赛克。但是作为三维制作前的快速造型参考来说，已经足够了，而且省时省力。

狴犴，又名宪章，形似虎，是老七。它平生好讼，却又有威力，狱门上部那虎头形的装饰便是其遗像。传说狴犴不仅急公好义，仗义执言，而且能明辨是非，秉公而断，再加上它的形象威风凛凛，因此除装饰在狱门上外，还匍伏在官衙的大堂两侧。每当衙门长官坐堂，行政长官衔牌和肃静回避牌的上端，便有它的形象，它虎视眈眈，环视察看，维护公堂的肃穆正气。

狴犴

实例2 快速造型龙生九子之狴犴

13

实例3
快速造型龙生九子之囚牛

"囚牛"，是龙生九子中的老大，平生爱好音乐，它常常蹲在琴头上欣赏弹拨弦拉的音乐，因此琴头上便刻上它的头像。这个装饰现在一直沿用下来，一些贵重的胡琴头部至今仍刻有龙头的形象，称其为"龙头胡琴"。

01

照例，先在纸上画铅笔草图，绘制了一个忧郁的琴师形象，眼睛什么部分就不必太过于仔细，光影关系表达清楚即可。胸甲简单绘制一下，设计成那种左右互卡的结构样式，光影方面点光要表达的很仔细。

实例3 快速造型龙生九子之囚牛

1 细化胳膊的轮廓线条。

2 简单绘制光影，并把胳膊设计成外侧鱼鳞内侧蛇腹的样式。

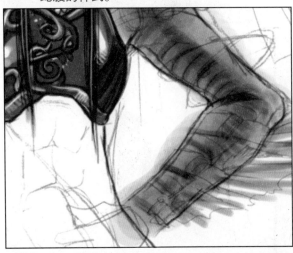

3 手臂上还有鳍状物，所以在手臂上设计了环绕的皮扣样式。

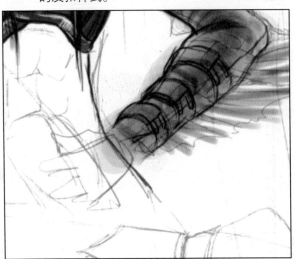

1 鳍状物加强光影效果。

2 上臂内侧的蛇腹状鳞片（朝内，差不多位于肱二头肌的位置）开始绘制光影关系，特别注意靠内侧的话，反光一定很强烈。

3 手臂外侧的鱼鳞状绘制，这个就随手绘制了，贴图的话过于整齐反倒很不真实。

CG进阶 SAI+Photoshop男性动漫角色绘制技法

1 在内侧的蛇腹状大鳞片上隐隐约约来点小花纹。

2 水平翻转画布，然后简单的把手部的轮廓涂抹出来。

3 仔细加工并完成手部。

1 现在开始把另一只手的动态效果简单用线绘制一下。

2 分出肌肉的走向以及手部的关节位置。

3 简单绘制出龙头琴的轮廓。

实例 **3** 快速造型龙生九子之囚牛

1 肩膀的链接部分笔者打算设计成卡在胸甲内的披风（一般的都是系在脖子前面，不怎么好看）。

这里的绘制过程和左边的胳膊一样，就不再啰嗦了。

①

2 具象的把披风的蟒纹一小片一小片的绘制整齐。

②

3 开始把那只胳膊的明暗区分出来。

③

1 锁子甲的一般制作方法,画个小片片,然后就是不断的复制,等成规模以后就可以合并这些小片片。

2 然后当然是移到需要使用它的部分,正片叠底或者柔光、叠加,看看那种效果适合,调整好以后把多余的部分擦处掉。

3 现在的进度还行,所以先停停,调整下整体的坐姿,首先把需要调整的部分圈选中。

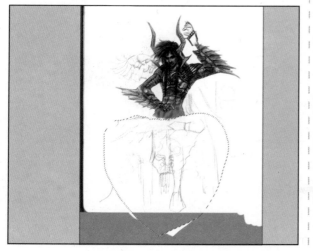

1 使用自由变换,让下半身的角度稍稍侧一点。

2 由于使用过自由变换,之前裙摆的角度也就改变了,索性不参考之前铅笔线稿,而重新设计和绘制裙摆,并把它多画一些,造成拖放在地表上的状态。

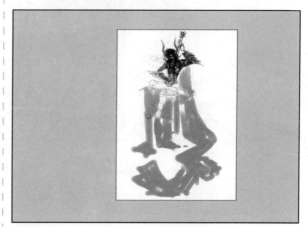

3 用实色黑线条把层次区分清楚。

实例**3**
快速造型龙生九子之囚牛

1 转到腿部的表现上来，一样先简单表现明暗。

2 然后就是用短排线来代表一下亮面。

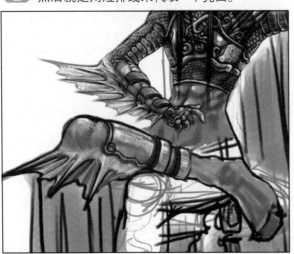

3 画布旋转90°，便于塑造一些。

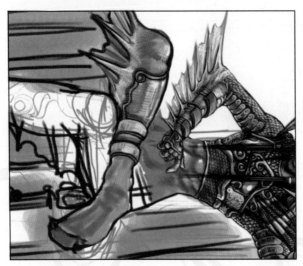

1 腿部的甲胄以及鳞片还有鳍状物质感区分一下。

2 使用路径工具将绘制好的腿部抠下来。

3 上半身也是，把已经做好的部分全部分图层抠图下来。

CG进阶 SAI+Photoshop男性动漫角色绘制技法

另一只腿部的绘制过程基本一样，只是再最后加一点腰部的挂饰，这里就不多做说明了。

①

④

②

⑤

③

⑥

注意用短排线来绘制明暗，风格上要保持统一。

实例3 快速造型龙生九子之囚牛

1 龙头琴，先平涂颜色，绘制出整个的形状。本来是想做成高原上牧民的那种琴，底部蛮像二胡的那种，后来直接绘制成了琵琶的形状。

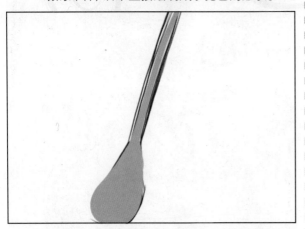

2 在顶部绘制龙头，本来这个地方应该结构上的转折蛮多的，因为已经绘制成了"琵琶"状，姑且就将就一下了。

3 加了上琴身的花纹，以及琴弦，龙头琴就基本完工了。

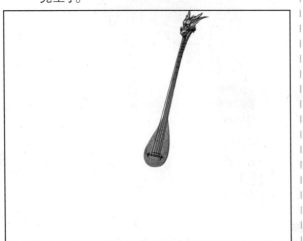

1 整个披风与裙摆重新设计，舍弃了之前的垂直下落的样式，而改成这种迂回缠绕的构图。

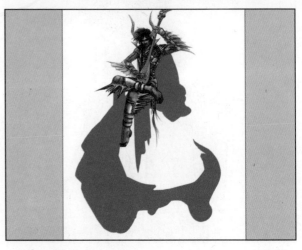

2 细部的层叠与穿插效果，这个时候就可用实色黑线去勾勒与区分了。

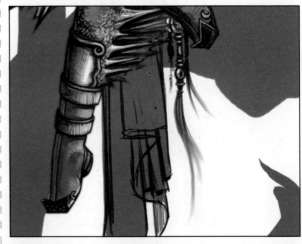

3 整个的布纹呈漂浮状，把穿插和层叠区分清楚。

CG进阶 SAI+Photoshop男性动漫角色绘制技法

1 开始区分明暗阴影与投影等的关系。

2 加亮亮面，使其柔和一些，要接近于布料的质感。

3 来一些粗糙的排线，更加彰显布料的质感。

1 加大亮面与暗面的区分与质感表达。

2 绘制裙摆下沿的龙纹。

3 整个披风部分的正反面纹样的添加。

实例 **3** 快速造型龙生九子之囚牛

这样一来，再加上草稿纸的纸纹与本身的背景文字介绍，本案例就完成了。

囚牛，是龙生九子中的老大，平生爱好音乐，它常常蹲在琴头上欣赏弹拨弦拉的音乐，因此琴头上便刻上它的遗像。这个装饰现在一直沿用下来，一些贵重的胡琴头部至今仍刻有龙头的形象，称其为：龙头胡琴。

囚牛

实际上整个过程中真正绘画上的光影明暗什么的花的时间并不多，而是动态，甲胄的设计，每个部分匹配什么样的质感，构图形式等花的时间是最多的，而且还会不断的去返工，这样才叫做角色造型设计而不是画插图。

实例4

快速造型龙生九子之螭吻

螭吻(读音chi wen),又名鸱尾、鸱吻(音吃吻),一般被认为是龙的第二子。喜欢东张西望,经常被安排在建筑物的屋脊上,做张口吞脊状,并有一剑以固定之。《太平御览》有如下记述:"唐会要目,汉相梁殿灾后,越巫言,"海中有鱼虬,尾似鸱,激浪即降雨"遂作其像于尾,以厌火祥。"文中所说的"巫"是方士之流,"鱼虬"则是螭吻的前身。螭吻属水性,用它作镇邪之物以避火。

01

1 传到日本后则称为"鯱",最为人所知的是位于日本爱知县名古屋城上的金鯱。鸱吻约于唐末鱼形化,因此鸱吻到底是一种鸟还是传说中海上的鲸鱼,并没有确定的说法。

2 这次的实例就以此为背景进行绘制。先来黑白的剪影造型,之后不断调整,最后定下人身蛇尾状。

①

④

②

⑤

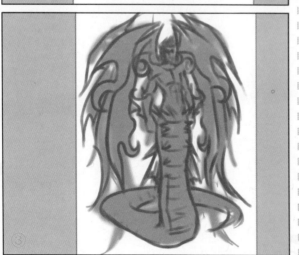
③

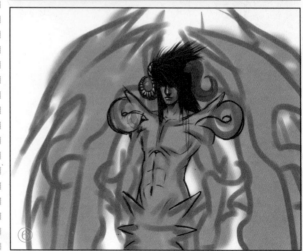
⑥

1 锁骨和肩膀的地方设计成外骨骼的结构,有种骨质增生的感觉。

2 仔细处理骨质部分与皮肉部分的衔接与过渡。

3 顺带把腹部的结构与下身的蛇尾状简单分出形体结构。

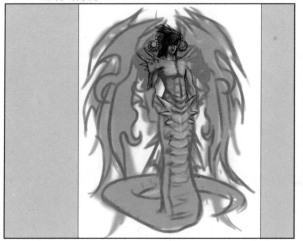

手臂上的外骨骼结构一次次的不断加工,最后形成附着在手臂上的骨骼"盔甲"。

①

②

③

实例 4 快速造型龙生九子之螭吻

27

1 强化一下效果，并处理好本身阴影与相互间的投影关系。

2 使用路径工具做一些辅助的参考线，用作参考平行。

3 根据参考线，把另一边手臂的肌肉、肘关节等表达清楚，然后把蛇身部分的笋状角质绘制出来。

1 把左边部分用钢笔工具抠图出来，主要为了清除图层上的杂乱部分。

2 继续清理右边的杂乱部分，顺带细化肌肉的结构。

3 结果发觉没有后面的翅膀更好看些（本来是想设计为骨质的骨翅，全部是骨质增生的样式），所以索性全部清空，顺带加上脖子上的各样饰物。

1 把左手手臂的外骨骼样式复制下来移到右边，稍微变形下透视比例，然后加工。腹部的笋状角也都复制加工一下。

2 再就是蛇身的绘制，其实笔者不是想画成蛇或者蜥蜴的腹部大鳞片样式，而是类似于螃蟹一样的壳状腹部，那样的结构更有味道一些。

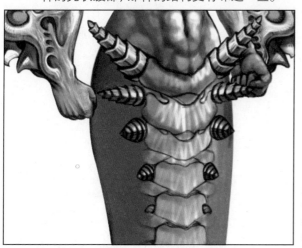

3 然后快速的把腹部的这些壳复制粘贴好。

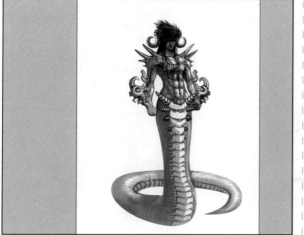

加工休整一下以后，就可以开始绘制鳞片了。

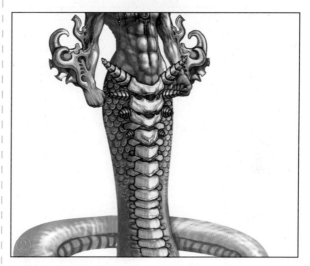

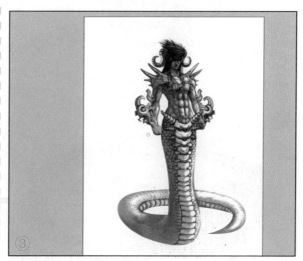

实例 **4** 快速造型龙生九子之螭吻

身上的鳞片效果不够，一样先画一片，然后复制很多个形成群组，粘贴到蛇身相应的部分，并调整好透明度。

加上脊椎上的外骨骼的背脊样式，然层在近乎与腿部的地方，加上鳍状结构。

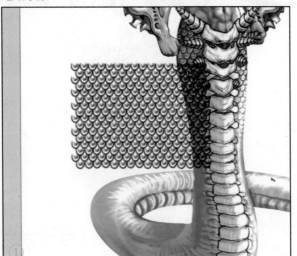

①

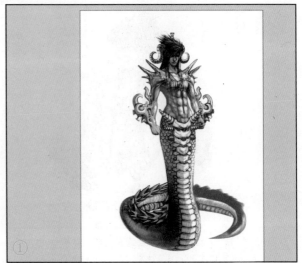

①

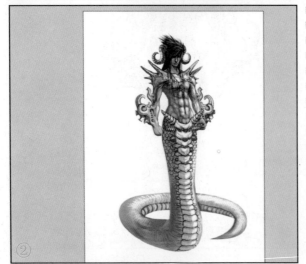

②

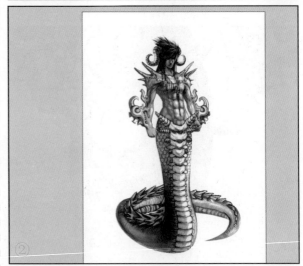

②

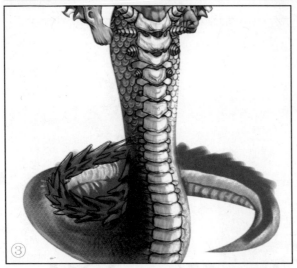

③

③

CG进阶 SAI+Photoshop男性动漫角色绘制技法

最后做下纸纹和背景文字效果，就可以收工了。

螭吻

螭吻，又名鸱尾、鸱吻，龙形的吞脊兽，是老九，口阔噪粗，平生好吞，殿脊两端的卷尾龙头是其遗像。

《太平御览》有如下记述：唐会要目，汉相梁殿灾后，越巫言；海中有鱼虬，尾似鸱，激浪即降雨，遂作其像于尾，以厌火祥。

文中所说的；巫，是方士之流，则是螭吻的前身。螭吻属水性，用它作镇邪之物以避火。

；鱼虬；即螭吻的前身。

实例5
快速造型龙生九子
之其他

01 ━━━━━━━━━━━

1 这次的命题是只用脚部攻击的角色，而且要帅气。有点难到笔者了，反复草稿以后，决定设计成手部被捆绑的样式。

2 把脚部的蜷缩角度更改一下。

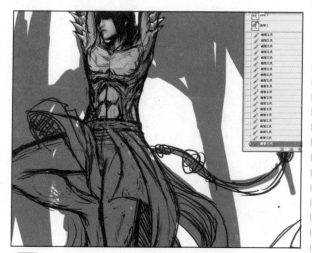

3 把腰部的布料与裙摆的基本光影表达一下，注意飘逸的空间层次感。

02 ━━━━━━━━━━━

1 用实色黑线把结构重新加固整理一下。

2 腰部以下的长裙摆的层次关系整理一下，绘制成那种层次丰富有层叠关系的布料样式。

3 裙摆下沿与亮面，用白短排线表达。

实例 **5** 快速造型龙生九子之其他

把画面复制一层，柔化模糊处理一下，然后减低透明度露出底层，这样整个画面就柔和了很多。把角色的双臂周围不必要的部分擦除掉。

①

④

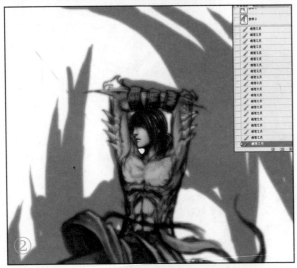

②

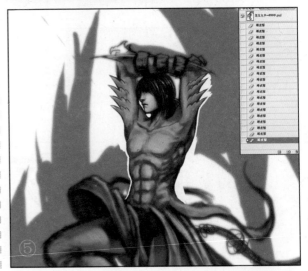

⑤

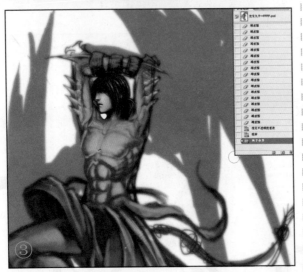

③

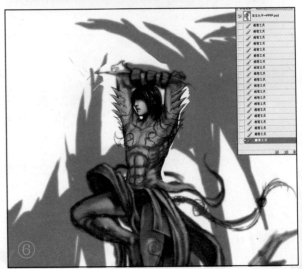

⑥

1 使用钢笔工具来做一些辅助的平行线用以参考着把左右两边画对称。

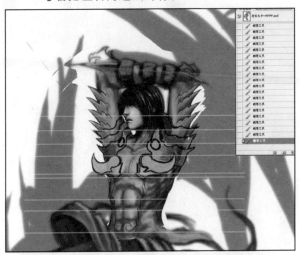

2 腰部的侧面给一个重色，表示有甲胄包裹着。

3 胸前的甲片用路径制作出选区，单独做一个图层，锁定不透明度开始精细绘制。

1 首先绘制出金属的花纹。

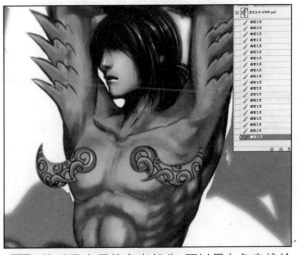

2 然后是金属的高光部分，可以用白色直接绘制，也可以用加深减淡工具来提亮高光。

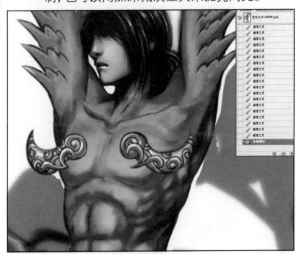

3 胸前甲片在皮肤上形成的投影。

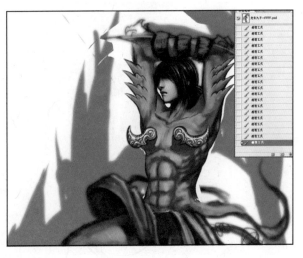

实例 **5** 快速造型龙生九子之其他

1 沿着胸前的甲片开始往下设计与绘画。

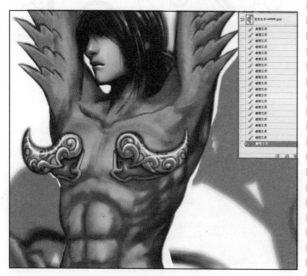

2 肩部的甲片结构设计成层叠重复的样式。

3 手臂上设计成有皮扣捆绑住的样式。

1 皮扣的细节还有爪子的细节表达一下。

2 制作锁子甲。

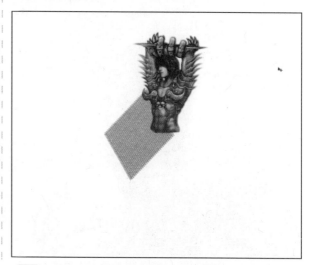

3 锁子甲贴在之前预留的腰部侧面的空间内。

CG进阶 SAI+Photoshop男性动漫角色绘制技法

1 现在已经有点模样了，加工一下细节部分。

2 感觉上，这个角色既然是用腿作为武器的，我干嘛刻画上半身啊？于是用套索把上半身的甲胄全部选择起来。

3 果断的删除，细化肌肉结构和效果。

1 把腿部的甲胄或者是鞋子一类的细化，加入大块的纹样。

2 局部光效提亮和细化。

3 把裙摆布料亮面细化，突出布料的质感还有层叠造成的投影关系。

实例**5** 快速造型龙生九子之其他

10

1 果断的把后背的那些翅膀去掉……实际上很多设计中的角、刺、翅膀等都是很多余的，只要感觉到与主体物关系不大，就可以删除了。

2 在裙摆上撒点"盐"，就是做些白色点点的效果。

3 把裙摆的前后虚实关系区分开来，也就是后方的慢慢变灰，不要实在的颜色。

11

1 继续撒"盐"和把一些杂乱的部分修整一下。

2 使用涂抹工具把身后的裙摆尾部涂抹一下，这样更加层次分明了。

3 不断使用涂抹工具，当然也可以使用椭圆选区，羽化过后，在使用滤镜中的旋转扭曲效果。

重复几次以后,基本效果就完成了,可以再加工一下。

①

②

③

以下是其他的一些快速造型的范例,原理、过程、技法基本是一样的。谨记一点,设计永远是设计修改时间多于绘制时间,因为是在做"设计"。

实例**5** 快速造型龙生九子之其他

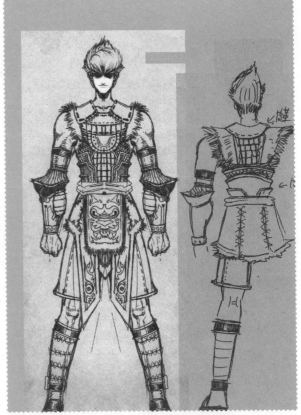

实例6

古装游戏角色

1 首先，打开Photoshop准备好扫描仪和平日所积累的草图。

2 选择窗口/工作区/Painting and Recouching模式，其面板的分布会比较有利于我们进行绘画工作。

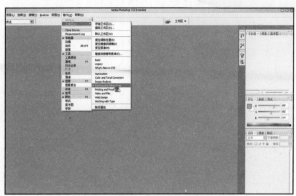

3 扫描设置选择真彩（RGB）/300dpi，以便于以后的打印和输出。

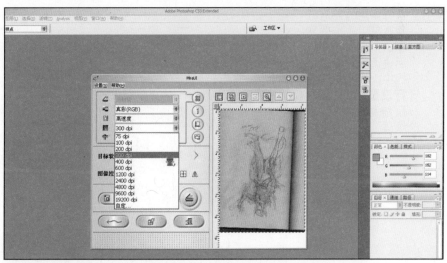

4 扫描完成以后使用色阶和色相/饱和度等工具进行下色彩纠正。然后使用裁切工具进行文件大小尺寸的修整。

实例 6 古装游戏角色

5 水平翻转下图像，以便于纠正形体上的透视误差：图像/旋转画布/水平翻转（H），要和变形工具中的翻转区别开来，前者是针对画布，后者针对图层和选区。

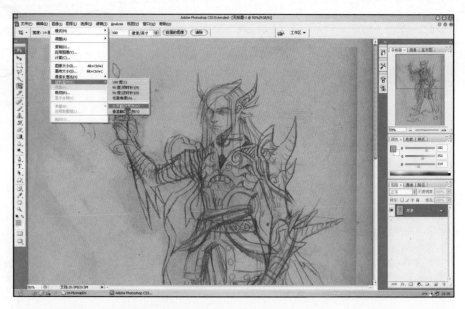

6 选择常用的19号圆角画笔，适当调整不透明度和流量以后进入画笔设置面板中，针对纹理进行设置。首先载入系统默认的所有纹理。

7 选择一个自己觉得合适的纹理，调整下深度和缩放，就可以开始进行绘画了。

8 一开始只需要大体颜色和光影，细节不必考虑。

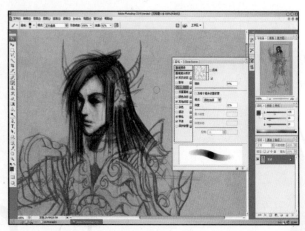

9 使用不同的笔刷纹理配合使用，用加深减淡工具进行细节修整，也可带入纹理。

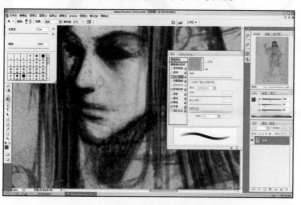

10 开始绘制肩甲，使用笔刷与加深减淡工具相互配合。

11 胸甲绘制。如果觉得自己的线稿过于凌乱可以使用黑色线条强调下结构，不过不必过于仔细，如果线条太多会过于抢眼，削弱了色彩的感染力。

12 手臂上绷带的绘制，示意下绷带的转折就可以。

13 头发颜色的改变，整个画布再次翻转进行修整。

14 在最上方新建一个纯棕色的图层，设置图层属性为滤色、线性减淡或色相，用来统一下面图层的色彩关系。

15 绷带与肘关节部分的精细绘制。

16 点击图层/属性/给它命名，以免图层多了以后混乱。

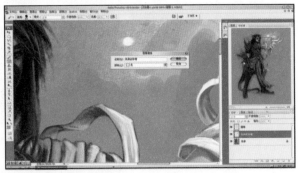

17 没有处理的肩甲。

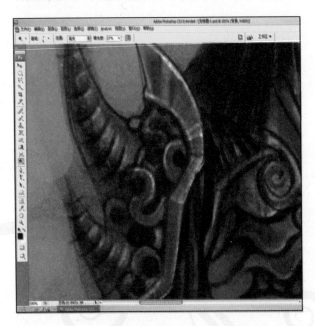

18 加工过后的肩甲，注意保持画笔的纹理特性。（差不多都是画笔+纹理+加深减淡）

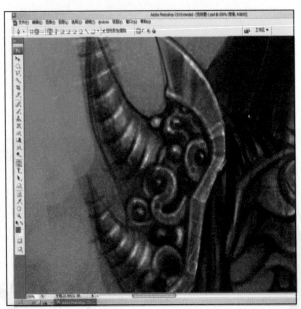

19 使用套索等选择工具选择后
单独用个图层保存并命名。

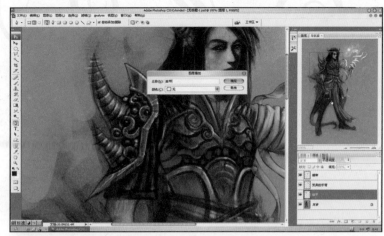

20 所有的图层分类管理完毕。

6.2 人物五官及服饰的细化

1 开始五官的重新修改。简单先
画出脸部的阴影区域。

2 眼睛位置注意光斑的方向和
上下眼皮的厚度,有必要的
话,眼袋还是需要加入一些
的。

3 眼角和额头上空缺太多,新建
一个图层以后使用普通画笔
工具直接绘制花纹,图层模式
为了便于观察直接设置为正片
叠底。

实例 **6** 古装游戏角色

4 修改好边缘以后使用饱和度及色相等工具调整下色彩。

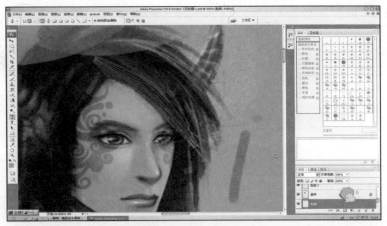

5 使用路径画出一根头发,然后复制,为头发上颜色的时候使用实心画笔描边路径,不过注意不要忘了点击模拟压力,可以生成两端细中间粗的压力效果。

6 大量的使用这个方法绘制头发。

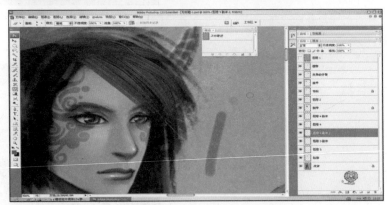

7 打开素材库选取一些比较有味道的装饰物来做盔甲。

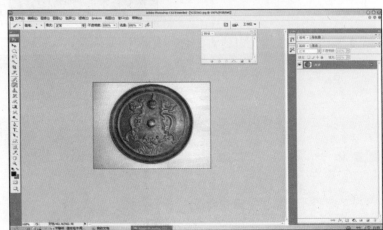

8 贴入以后适当修整下。

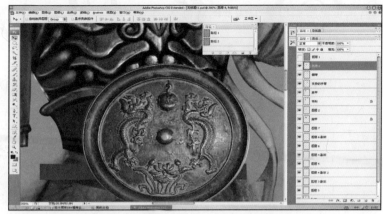

9 变形下使其外型符合我们画面上的形状。

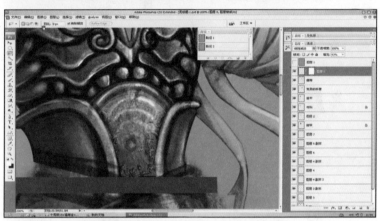

10 修改的差不多以后再给脖子方面加点儿设计小元素，给点绳带什么的穿插起来，注意前后位置的以及产生的阴影。

11 添加后脑勺的头发层次。

12 直接绘制出整个头发的黑色区域。

13 每个图层单独显示下看有没有弄错了图层或者图层顺序的。

  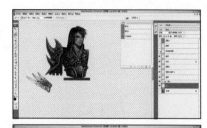

 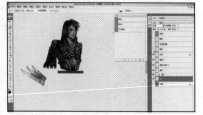 

14 添加耳朵，注意耳朵和头发之间的穿插以及耳朵本身的透明质感。

15 添加手上的骨角以及腰上的装饰物。

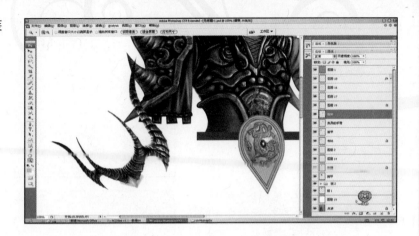

6.3 制作光环

1 制作光环，首先新建一张正方形的画布。

2 在画布的正中心画个蓝色的圆形，使用滤镜/扭曲/极坐标命令中的极坐标到平面坐标命令。

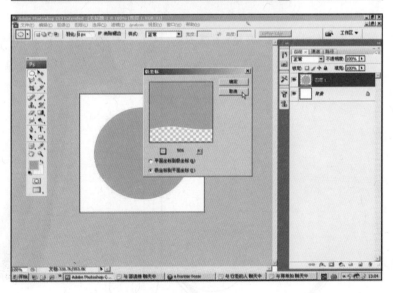

3 旋转90度以后使用滤镜/风格化/风命令,重复几次,也可以使用滤镜/模糊/动感模糊命令加强动感效果。

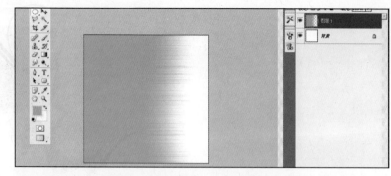

4 反方向旋转90度以后,再次使用滤镜/扭曲/极坐标命令中的平面坐标到极坐标。

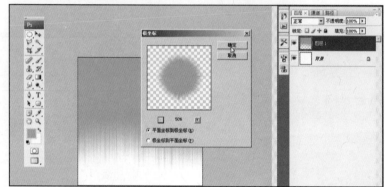

5 几次组合以后再使用图层效果相互叠加,形成最后的光环效果。

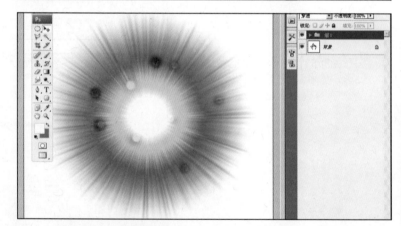

6.4 人物及背景细节完善

1 继续绘制人物的塑造,下摆的花纹等。

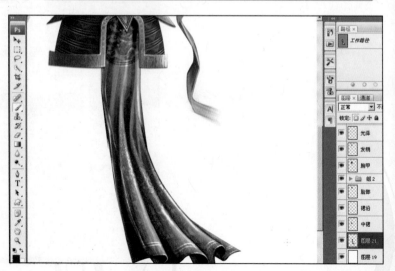

2 腰带还有护裙的制作以及亮部使用加深减淡工具提亮高光部分。

3 锁子甲实际上是使用一个小元件重复组合拼成的，把相关图层合并以后再次使用减淡工具提亮下高光即可。

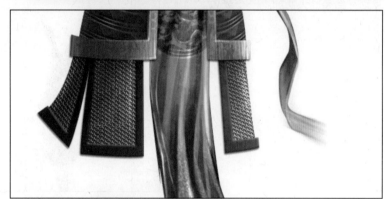

4 裤子的制作。

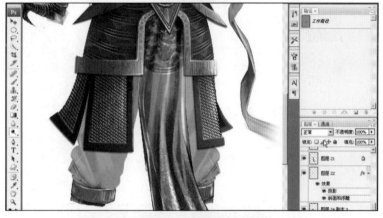

5 手腕的制作。

6 ▶ 腿部的制作。

7 ▶ 给整个人物加上一个光效。

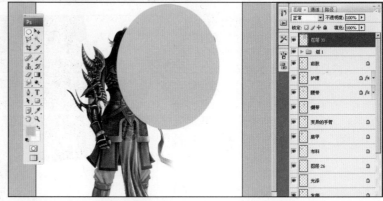

8 ▶ 整个模糊以后,再使用叠加的图层特效,就可以得到很鲜艳的颜色了。

9 ▶ 把其他的部分都显示出来调节整体的颜色和效果。

10 做一个同色相的背景作为基层，然后继续制作效果。

11 选择一个国画的背景，加入到画面中去。

12 再选择一个花纹。

13 溶入到背景中去，使用蒙版使素材的周边部分模糊些。

实例 6 古装游戏角色

14 加入字体，使用篆书造成一个古典的效果。

15 两边加入黑色，压缩画面的视觉中心。加入墨迹增添效果，墨迹是黑色的，所以使用正片叠底的效果。

16 把自己的名字和制作日期加入进去，颜色不要太过于明显。

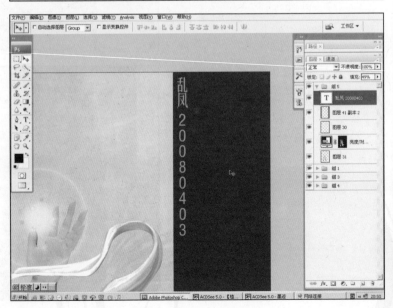

实例7
巡逻中的龙骑兵

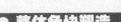

- 整体色块塑造
- 面部肌肉简单刻画
- 甲胄的设计与质感
- 山峦与云彩的背景绘制
- 总体加工与色彩调整

游戏风潮已经普及到不能再普及的地步了，所以，游戏设定也成为了当今非常热门的一个CG绘画的业务范畴，游戏设定的方法和绘画流程也分很多种。

如何只使用笔触和架上绘画的流程来绘制比较硬朗的游戏角色，本章将以这种思路为指导带领大家熟悉这种类型的角色设定的绘画流程。

7.1　整体色块塑造

1　硬派的角色不能采用路径制作等等方式。即然要硬朗，那么首先要注意的就是风格和绘画方式上的粗狂，那么起稿的时候我们推荐使用粗狂的铅笔稿。

使用2B或者4B的软铅，在纸张上绘制出基本的造型，注意结构上的大气和细节上的精致，某些部分可以直接虚化掉，不必明晰的显示出来，这样的话画面的纵深感也比较明显。

使用扫描仪将其输入到Photoshop中，设置为300dpi灰度模式，马上我们就要开始正式的绘画而不是制作过程了。

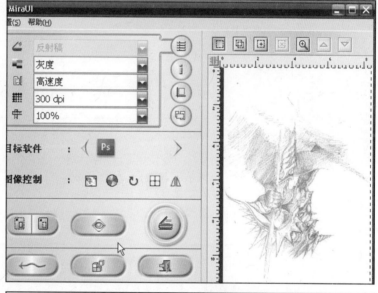

2　输入到Photoshop中以后，简单的裁切一下画面，用橡皮擦除掉一些脏的杂点，使用色阶工具来调整画面整个的黑白关系。

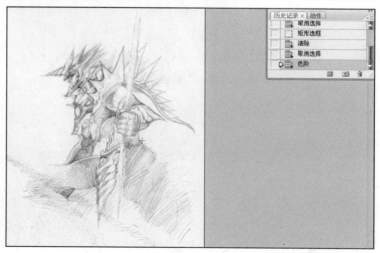

3 开始铺垫整体的颜色,把画面的属性先调整为RGB颜色,然后使用一种比较暗的灰蓝色来打底,就好比我们画"概念素描"或者"设计素描"的时候喜欢使用暗色的带纹理的纸张作为底子一样的道理,油画中也是如此,先制作一个整体颜色的带肌理的底子,再在上面来正式绘画,是一种常用的绘画技法。

打底的笔触在画笔的调整面板中设置下,这个面板之后我们会很频繁的使用到。这里在"笔刷选项"(F5)中主要使用的是"湿边"和"散布",细节部分的调整参考图片,也可以按照个人喜好来设置。

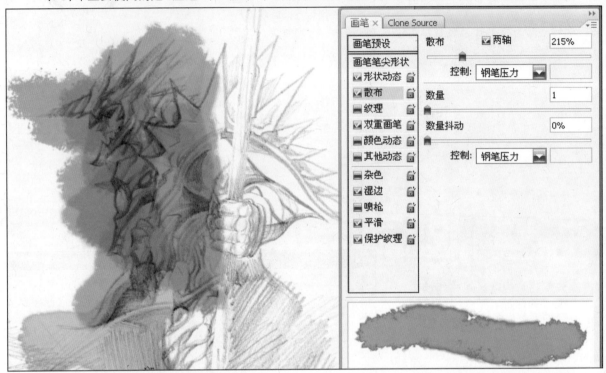

4 现在开始塑造出亮面的范围和体积。

如图所示,以前绘画的时候总习惯使用可以晕染和融合颜色的那种很好过渡的画笔,而这种风格则不然,简单就可以,直接使用最为常规的画笔,只是需要把其"透明度"和"流量"设置的低一点,快速的画出亮面的体积范围,就想象着自己是在画素描就可以。

不需要过于注意笔触的融合等。现在好比你拿的是白色的粉笔或者铅笔,比较亮的地方多涂几下就可以了。

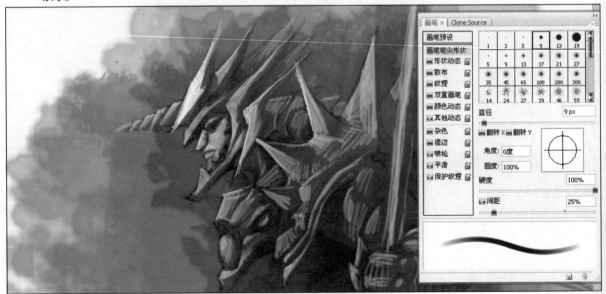

5 看看整体的效果，是不是很像单色素描呢？是的，就要这样的感觉，因为设定的中心在于你的设计和其空间质感的表达，而不是要多么的有技巧和绚丽，以设计和表达设计效果为主，其他的画面效果是之后再加工的。

画面有虚有实，我们的前期阶段的工作就完成了。

6 到这里以后再要考虑的就是，素描稿完成的可以，但是如何着色和如何细化细节？

第一步我们要思考：都是灰灰的画面，颜色怎么上上去？如果重新使用鲜亮颜色的画笔画的话那是重复劳动，说不定还没有先前的素描效果好。

这个时候我们使用画笔工具，选择类似于喷枪的画笔，然后在模式中选择颜色或者是色相都可以。

再次作画的时候，它就可以在不改变其素描关系的前提下把角色的颜色直接改变。

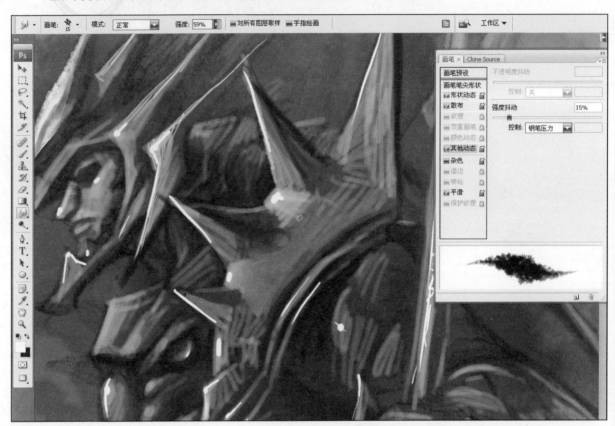

7 开始直接绘制高光，直接使用普通笔刷，以透明度80%左右直接刻画，考虑到部分亮面和灰面需要融合，除了笔刷以外可以选择使用一种更为便捷的工具——手指涂抹工具。涂抹工具我们一样可以设置一个特殊的笔刷来给它。

这样涂抹的时候会带有一定的笔触和纹理以及融合性，在"其他动态"选项之下还可以使涂抹笔触的色相，亮度、饱和度等发生自然的不经意的变化，越加接近自然绘画效果。

8 大体上我们再去添加反光面的色彩，基本上是与照射光线呈互补的色彩，偏灰和偏暗一点即可，来看看整体的效果，可以开始局部刻画了。

CG进阶 SAI+Photoshop男性动漫角色绘制技法

9 确定下主要的反光细节,可以主观的夸张一下角色的反光色彩。

7.2 面部肌肉简单刻画

1 转到脸部,先用固有色和暗部颜色等大致绘制出脸部的基本结构和光影关系,主要是眼窝、鼻子、嘴唇以及颧骨旁边的阴影区域范围。

2 然后粗略带出脸部的肌肉结构，鼻梁和鼻翼旁边的肌肉，眼和口轮匝肌，笑肌咬肌等，再点出鼻子，嘴唇，颧骨的高光点。

3 仔细修改下部的形状和轮廓，添加相互之间形成的投影，不要只有阴影没有投影，比如说除开上嘴唇本身是阴影状态以外，它还会在下嘴唇上形成投影，除开明暗交接线以外，投影的颜色应该比阴影还要暗，颜色纯度高一点的，要好好的区分投影和阴影之间的色彩和明暗关系。

7.3 甲胄的设计与质感

1 开始仔细描画胸前的铠甲部分，这是我们画面比较容易出彩的地方，一定要精致，所谓精致并不一定是指形状，其亮面和暗面的颜色对比也是精致的一部分。

2 顺带其他的部分也要整体的跟上，特别是肩甲部分的光泽和金属的质感，笔触要放开，不要总考虑颜色的融合等，等会我们会用涂抹工具来进行局部色彩融合。

再把手上的金属杆子的光泽和反光大胆的画出来。

3 再次加工画面中的全部高光，以胸甲为最中心，依次渐渐浑浊和变暗。

4 整个画面可能这个时候的亮面绘制过多,整个高光比较紊乱,这个时候使用色阶工具把画面的颜色调暗,色阶不光只是用来做这个步骤。输入色阶的调节浮标分别可以控制画面的黑色范围,灰度范围和高光范围,用来控制画面黑白灰各自的比例范围。而下面的输出色阶两个调节浮标则分别控制画面的黑色和白色的输出量,简单来说就是控制黑色最黑黑到什么程度,白色最白白到什么程度。整体调节和整理画面的素描关系。

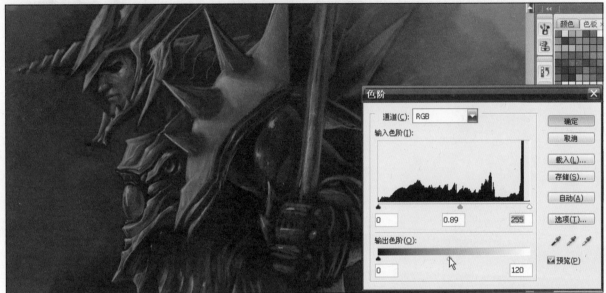

5 调整好的结果如下,这样我们的画面从整体绘画——局部刻画——又回到了整体调整上来了。

6 大致的把背景象征性的画几笔，确定下色彩和笔触怎样更加搭配些，前面风雪和雾效果也粗略画下用以配合，观察思考下，下面该用什么笔触，色调和构图。

7 整体思考的期间可以细化下局部的装饰，比如说把胸甲上加以花纹，加强高光和反光的色彩对比等。

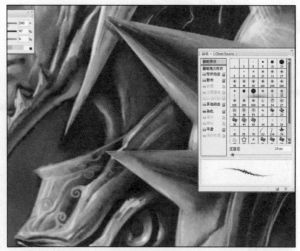

8 可以看出，我们的领子实际上是复制过去的，再把相互遮盖住的地方删除即可。

9 使用多边形套索工具把头部护甲的基本形状选取，然后细化护甲的边缘，由原来的很潦草的草图变成稍微精致的形态。顺带把护甲的细部重新设计和加工一次。

10 高光亮面等加工的差不多的时候,再次回到暗面部分,亮面需要实在的色块和笔触,那么为了拉开空间和体积关系,暗面就要笔触模糊点,简单来说就是笔触,色彩对比等关系虚一点。

如果直接使用模糊工具的话会使得暗面过于一样而没有细节,跟我们的主体风格也是完全不搭调的,所以在这里我们使用前面的一个技巧,使用有特殊笔刷效果的涂抹工具,图例上我们可以看到使用它可以保留部分笔触肌理色泽而又不至于和周边颜色有过大的冲突。

刚刚合适,所以在融合颜色和笔触的时候推荐使用这种涂抹的笔刷。为了以后使用方便,我们可以把设定好的涂抹笔刷另存一个单独的名字,便于下次使用时的查找方便。

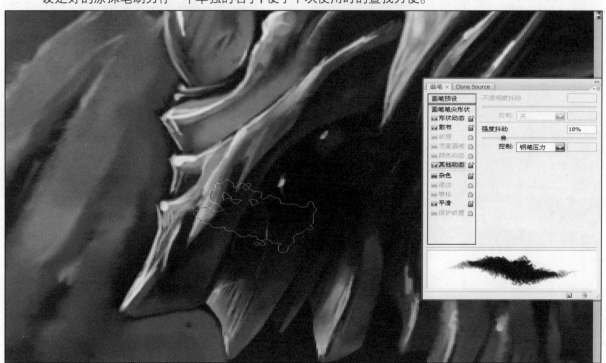

11 主体画的差不多的时候再整体加工和调整一下,比如说肩膀上的金属质感和花纹等,然后为了便于之后制作背景,我们把前景的主体使用钢笔路径扣图,把得到的路径转化为选区,保存一个单色的通道。

12 实际上保存通道无非在通道面板中新建一个专色通道，然后有选区的地方填以白色，以便之后修改。

当然也可以单独把主体剪切出来做一个单独的图层，把它锁定后我们再去制作背景，这样就不会破坏或者误画了我们角色的主体部分。

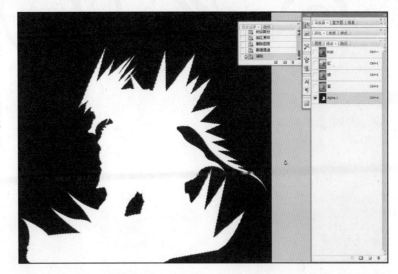

7.4 山脉与云彩的背景绘制

1 简单的画出天空，远中近景等，大致上有个基本的布局就可以。

2 局部调整颜色关系和使用高斯模糊工具来模糊。我们需要的是个布局和颜色指定。

3 按照之前的布局画出线稿。

实例 7 巡逻中的龙骑兵

71

4 按照线稿和之前色稿的布局为基本框架，找一些山和云的图，按照其相互拼接摆放合适的位置。

5 按照摆放好的位置开始参照着画背景。使用普通笔刷，调节下散布选项，铺垫大块面的颜色。

6 主体颜色上完之后就要考虑带有肌理和材质的笔触了，这个时候我们使用的画笔在选项中一定要勾选纹理选项，从纹理选择的下拉菜单中选择自己喜欢的纹理图案，也可以在其右上角的选项中点击载入其他纹理图案，这样画山的阴影部分就带有很厚重的纹理的感觉。

7 处理下亮面，暗面和反光面之间的色彩和笔触的感觉，也使用刚才设定好了的涂抹工具融合下，基本上就是在B（笔刷）和R（涂抹工具）之间相互切换使用，很方便也很出效果。

8 看一下，整体的背景处理的差不多了，该在山体上加建筑物细节了。

9 先画一些简单的碉堡楼房，有明暗就可以，不必太注重细节和反光。

10 添加其他的防空洞或者建筑群体。

11 建筑物的整体效果基本如此。

12 调节不同山体之间的色彩差别, 然后使用裁切工具 (C) 把整个图切成一个正方形, 个人觉得之前的构图主体不突出。

13 开始绘画鲜艳的云彩, 记住涂抹工具的使用, 也可以适当的调整下涂抹工具的一些设置, 使它便于适合涂抹云彩。

7.5 总体加工与色彩调整

1 加工下手上的金属杆子，然后复制并加长。

2 粗略的绘制上旗帜的形状和颜色。

3 把旗子的花纹和细节补完。

4 风雪的制作也是先画再涂抹，最后部分使用动感模糊。

5 另外加点碎碎的雪花,使用涂抹工具,让它感觉是缠绕在主角身体上的,有阻力的那种。

6 在山体的暗部加上飞翔的龙。单色就可以了,因为它的位置不是那么的明显。

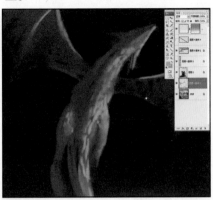

7 添加空中的飞船等,整体处理下,把署名写上。

8 再次调整构图,把所有图层放到一个图层组内,然后把它拖曳到一个A4横版的文件中去,再调节版式构图。

9 周围加上阴影, 使用径向渐变调节下即可, 这样画面更有深度一些。

10 远山的地方使用加深减淡工具提亮高光, 因为那是太阳所处的位置。

11 新建一个紫色的图层，将颜色大致集中在最中心，然后把图层的属性调整为"饱和度"，这样远山的地方色彩就变的很鲜艳，和近处的灰色形成对比。

12 其他的地方调节光线和色彩也是用一样的办法进行调整，完成后，先把图像颜色转换成CMYK颜色一次，再转换回RGB颜色，这样就避免了RGB颜色里面存在超出打印范围的颜色，基本上就没有荧光色和刺眼的颜色了。收工完成。

基本上就这样完成了，整个画面稍微处理下，加点黑框压压颜色，然后根据客户要求改成了竖版的模式，大致效果如下：

实例8
华丽之男法师

- 头部的修改与皮肤塑造
- 布料材质效果
- 金属软甲质感
- 饰物与硬甲
- Photoshop合成花哨的背景
- 法球光效合成

这次的要求是比较华丽的男法师的形象，线稿之前已经准备好。

个人还是把角色的道具什么的全部去掉了，只剩一个伸开手的姿势（准备握住光球，后期后添加上去一些法术类的光球特效），这样简约一些。

而且我在想，为什么以前的法师形象都是厚重的布料斗篷，就没有敏捷+法师的双料角色吗？想象一下，年轻的男性法师，因为注重法术，所以防守比较单薄。

那就给他来点软猬甲嘛，这样身上也不至于披一大堆拖泥带水的布料，又可以起到很好的防御作用。

所以这次的形象就这样诞生了——敏捷+智力型的年轻男法师。

1　实际上一开始的时候我就犯了个大毛病，自以为是的把头部先上色了。结果是编辑不满意，要更换头部形象。

2　修改前的样子是这样的。确实有点小丑……而且编辑强调，干脆做成奶油小生的模样……于是，我擦除了面部与头发的线稿，重新修正头部。

3　于是乎，在其脸部外形不变的情况下，我把眼部、眉毛、鼻子等都向下绘制了一些，以便改善之前的仰视角度。头发也随意的做成了柔和点的短发，稍微奶油了那么一点点吧，暂时就是这样了。

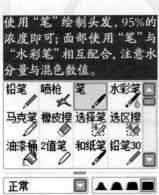

使用"笔"绘制头发，95%的
浓度即可；面部使用"笔"与
"水彩笔"相互配合，注意水
分量与混色数值。

铅笔	喷枪	笔	水彩笔
马克笔	橡皮擦	选择笔	选区擦
油漆桶	2值笔	和纸笔	铅笔30

正常	▲ ▲ ▲ ■
最大直径	× 1.0　　6.0
最小直径	50%
笔刷浓度	95
【通常的圆形】	强度 50
【无材质】	强度 95
混色	28
水分量	37
色延伸	38
□ 维持不透明度	

"笔刷浓度"90%-100%；其
他均为30%-40%

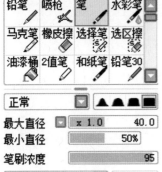

铅笔	喷枪	笔	水彩笔
马克笔	橡皮擦	选择笔	选区擦
油漆桶	2值笔	和纸笔	铅笔30

正常	▲ ▲ ▲ ■
最大直径	× 1.0　　40.0
最小直径	50%
笔刷浓度	95
【通常的圆形】	强度 50
【无材质】	强度 95
混色	28
水分量	37
色延伸	38

4 这样一来，简单的铺垫点颜色，效果就出来了。面部颜色实际上不怎么
复杂，需要特别注意的地方，就是左侧脸颊、鼻子、下唇、眼袋这些地方
的反光，只有反光和亮面光线形成对比以后，脸部的体积和光感才能够
衬托出来。

头发的部分就直接使用"笔"工具绘制一下就可以，收笔时形成的颜
色融合刚好可以作为发梢的效果，简单又好用。

5 直接开始绘制皮
肤，平涂颜色以
后，首先粗糙的
使用"笔"工具
绘制一下暗部颜
色。

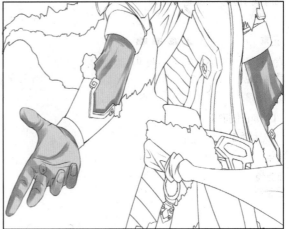

6 然后利用"笔"
本身的"混色"、
"色延伸"的数
值特性，稍微丰
富和光滑一下颜
色的过渡。

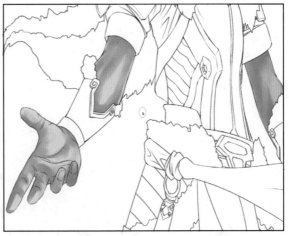

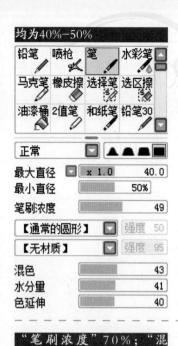

均为40%-50%

铅笔	喷枪	笔	水彩笔
马克笔	橡皮擦	选择笔	选区擦
油漆桶	2值笔	和纸笔	铅笔30

正常

最大直径	x 1.0	40.0
最小直径		50%
笔刷浓度		49
【通常的圆形】	强度	50
【无材质】	强度	95
混色		43
水分量		41
色延伸		40

"笔刷浓度" 70%；"混色" 30%

铅笔	喷枪	笔	水彩笔
马克笔	橡皮擦	选择笔	选区擦
油漆桶	2值笔	和纸笔	铅笔30

正常

最大直径	x 1.0	40.0
最小直径		50%
笔刷浓度		68
【通常的圆形】	强度	50
【无材质】	强度	95
混色		26
水分量		64
色延伸		62

7 把"笔刷浓度"数值调成原来的一半，"混色"、"水分量"、"色延伸"差不多也都设定在40%-50%左右,继续融合并绘制皮肤暗面的过渡。

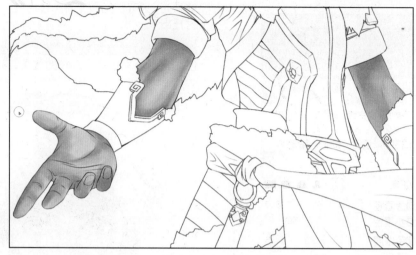

8 "笔刷浓度"调至70%左右,这样上色明显一点,直接绘制皮肤反光面的灰紫色。

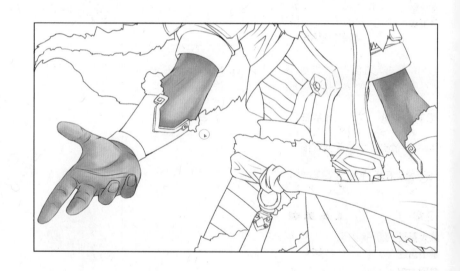

9 加深阴影部分的轮廓，慢慢的就可以把整个的皮肤部分完成了,记得加一些亮面的油亮效果。

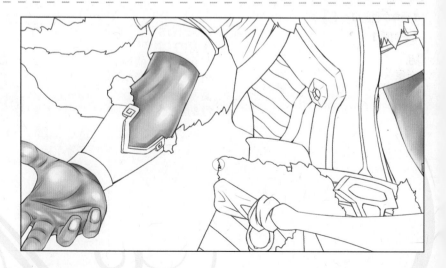

"笔刷浓度" 80%;

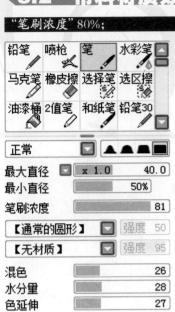

铅笔	喷枪	笔	水彩笔
马克笔	橡皮擦	选择笔	选区擦
油漆桶	2值笔	和纸笔	铅笔30

正常		▲ ◠ ◠ ■
最大直径	x 1.0	40.0
最小直径		50%
笔刷浓度		81
【通常的圆形】		强度 50
【无材质】		强度 95
混色		26
水分量		28
色延伸		27

1 把 "笔" 工具的直径调大一些，使用大笔触把身上毛坎肩的材质效果简洁的绘制出来。

2 注意颜色不要都是灰白灰白的，既然之前给皮肤用的反光颜色是紫灰色，这里我们也就添加一些，显得颜色不那么单调。

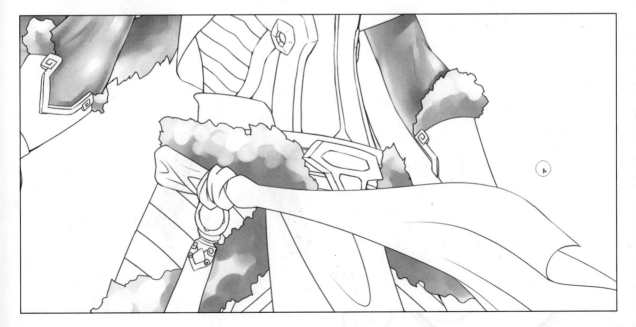

实
例
8
华
丽
之
男
法
师

3 整个的皮肤和已经上色部分的颜色都比较浅，所以将部分布料绘制成深色，起码画面的黑白灰要先行拉开对比，上色方式还是之前的固有色——深色——亮色——反光色的顺序。

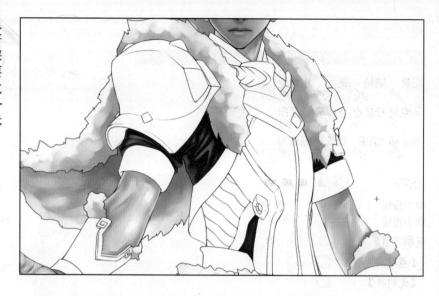

4 大腿部分裤子的颜色也是一样的绘制方式。

5 把腰部的布料（很像扎着的腰带一样）绘制成柔和的天蓝色，稍微鲜艳一点。顺带把裙摆上的外沿布料也绘制成同样的颜色与质感。每种颜色一般来说要多来几块地方，光是在画面的一个部分有这个颜色，会显得这个颜色比较突兀，没有呼应。

6 然后是裙摆的重色，相比较后面位置裤子的颜色，裙摆的颜色要稍微亮一点，灰一点，颜色纯度也要低一点，把层次分清楚就可以了。

7 在中间裙摆上加上"正片叠底"的花纹。

整体布料的效果就基本完成了。

1 金属软甲,就是介于金属和布料之间的那种材料感觉,柔软的带一点金属高光的效果。

首先把选区做好,填好颜色,这个是老步骤了。

2 开始把两侧的颜色稍微加深,整个色系和之前的布料差不多。

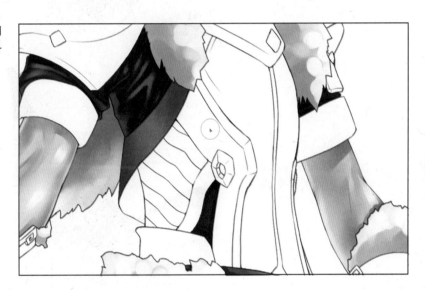

3 然后再把上下的厚度也表现出来。

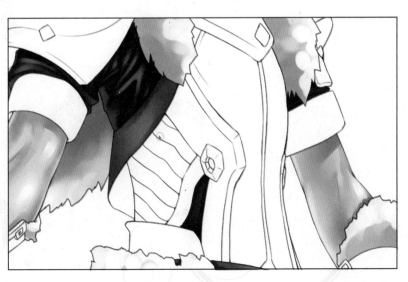

实例 8 华丽之男法师

4 和之前其他部分一样，使用紫灰色的反光效果。

5 提亮紫灰色的反光。

6 现在开始改用水彩笔绘制亮面，利索的来两笔。

7 改用铅笔+白色把油亮的高光点提一提，基本效果就完成了。

8 其他相同质感部分的效
果特写（脚部实际上之前
已经绘制好了）。

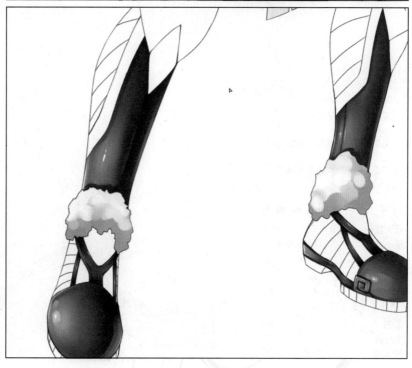

9 再回来看看肩膀、胸甲这些部分的稍微硬一些的甲胄。

10 首先还是局部先铺垫固有色，这个颜色就比之前的都明亮一些，基本上也得保证画面颜色明度上的黑白灰的对比规律。

使用"笔"工具，参数设置如下，需要一点点混色和比较多。

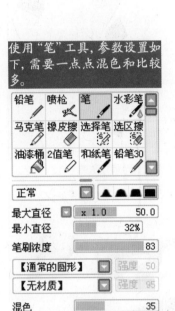

11 这个时候就开始大面积的暗部绘制。

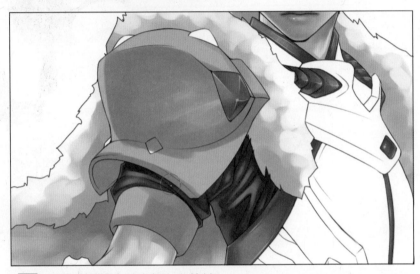

12 使用水彩笔来融合颜色和笔触。

使用"水彩笔"工具，参数设置如下，混色、水分量、色延伸数值均比较大。

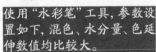

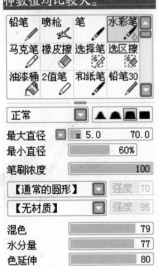

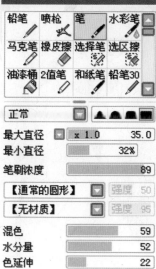

铅笔	喷枪	笔	水彩笔
马克笔	橡皮擦	选择笔	选区擦
油漆桶	2值笔	和纸笔	铅笔30

正常		▲ ⌒ ◼ ◼
最大直径	x 1.0	35.0
最小直径		32%
笔刷浓度		89
【通常的圆形】		强度 50
【无材质】		强度 95
混色		59
水分量		52
色延伸		22

13 现在用比较不容易混合颜色的画笔来绘制明暗交界线的部分。

14 接下来是反光部分,还是跟其他部分的反光一样使用紫灰色。

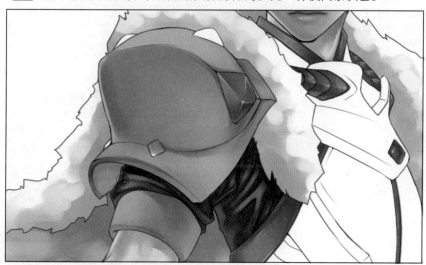

15 顺带把亮面的一些颜色绘制一下,还是使用这个"笔"工具的参数,前期粗糙一些问题不大。

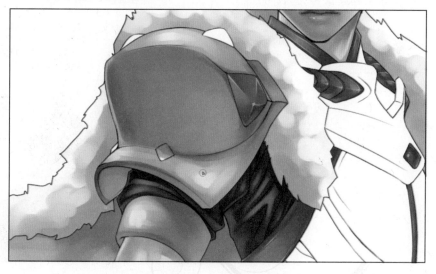

实例 **8** 华丽之男法师

使用"铅笔"工具,浓度稍微偏小一些。

铅笔	喷枪	笔	水彩笔
马克笔	橡皮擦	选择笔	选区擦
油漆桶	2值笔	和纸笔	铅笔30

正常 ▲ ▲ ▲ ■

最大直径	x 1.0	10.0
最小直径		0%
笔刷浓度		29
【通常的圆形】	强度	50
【无材质】	强度	50

□ 详细设置

绘画品质	4 (品质优先)
边缘硬度	0
最小浓度	0
最大浓度笔压	100%
笔压 硬<=>软	142

笔压: □浓度 ☑直径 □混色

16 铅笔浓度调淡以后比较容易塑造,用它来把反光面的颜色纯度稍微提一提。

17 亮面也是使用"铅笔"的参数来加工下,突出金属的效果,粗糙一点关系不大,因为之后可以使用"水彩笔"融合颜色和笔触。

18 再加工下肩甲的小细节,肩甲部分就基本完成。延续这种方法,把胸甲也完成。

19 还有侧腰部分,类似于肋骨部分的层次结构重复排开。

20 腰下裙摆侧面部分也是使用这种重复效果。

21 护膝、小腿肚、鞋子部分的重复结构。实际上金属甲片一般来说，重复样式是使用的最多的，这样一来既不会没有细节，也会使比较花哨的盔甲在视觉上稍微"安静"下来一些。

22 简单的在肩甲上贴入一个花纹样式，并把图层设置为正片叠底模式。

23 新建一个图层，设置为正片叠底模式，绘制花纹的阴影面。

24 再来一个普通图层，把这个花纹的亮面点光绘制出来，这样就算给肩甲添加了一个有凹凸效果的金属花纹。

1 饰物和硬甲的质感基本上是一样的，都是比较坚硬的金属，只是饰物方面可能视觉上更加闪亮些，还有一些透明宝石的感觉等。

2 首先还是把固有色上好，并把这个图层的不透明度锁定住。

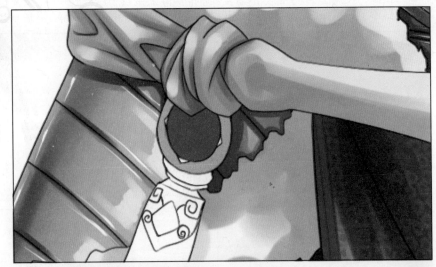

3 使用"笔"工具，选区暗一点的颜色，把石头深色和金属深色绘制上去。

4 选用较亮和较鲜艳的颜色把石头和金属的亮色部分也区别开来，这里我们可以看到，石头为了保证通透的感觉，颜色层次中的差别一般比较大。

5 再就是点缀高光了，不用多说，浓度100%的白色，用"铅笔"工具直接上色。

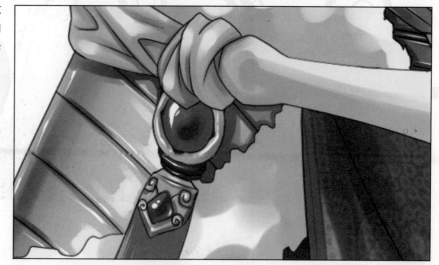

6 最终的效果如图。注意反光面的色彩搭配。

7 其他部分的宝石效果也是如此。

8 整个的金属和宝石的饰物效果。

9 金属硬甲方面的质感表达也差不多，主要是配色方面，之前我们的颜色色相方面都比较偏蓝灰色，所以这次硬甲部分就选取这种紫色。

反光就不再是之前的紫灰色的反光了，按照周围的蓝灰色的色彩来搭配硬甲上的反光部分。

10 脚部的硬甲也是如此。

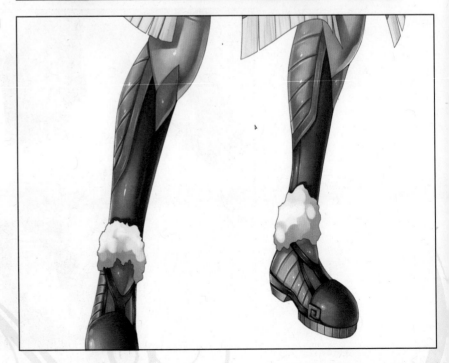

1 进入Photoshop中, 第一件事情就是做个黑色边框压压颜色, 因为接下来我们会制作一个非常花哨的背景效果。

2 选取一个星云的图片作为主题背景, 其他的特效是以它为原本, 不断叠加而成的。

3 按住Ctrl键单击角色的图层缩览图, 调出其选区, 羽化10-20像素以后, 填充蓝色。一共是两个蓝色图层, 分别是"滤色56%"与"叠加100%"的效果混合而成。

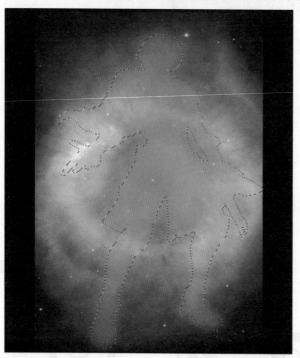

图层属性——滤色, 填充56%

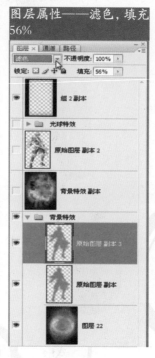

图层属性——叠加, 填充100%

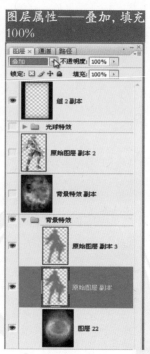

4 一张星云过于单调了，笔者又选择了一张星云图片。

图层属性——正常，填充100%

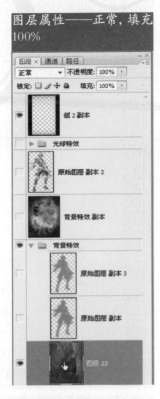

5 把这张星云图片设置为叠加模式，就成了如下效果。

图层属性——叠加，填充24%。

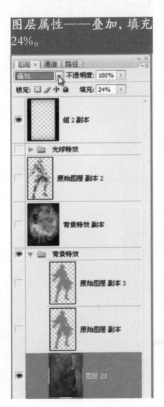

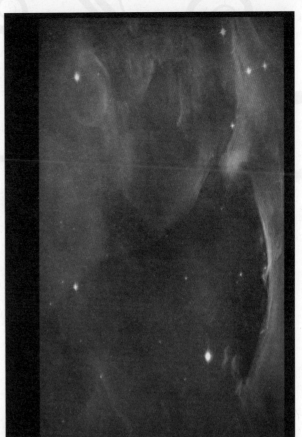

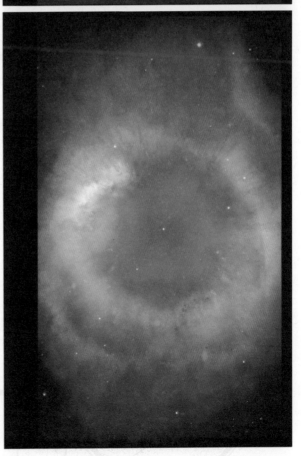

6 继续，搜寻了一张类似于星尘（或者说像一团火焰的样子）的星空图片，用色彩范围去掉了所有的黑色以后，置于刚才的图层上方。

图层属性——正常，填充100%

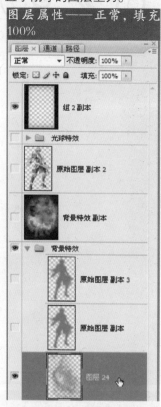

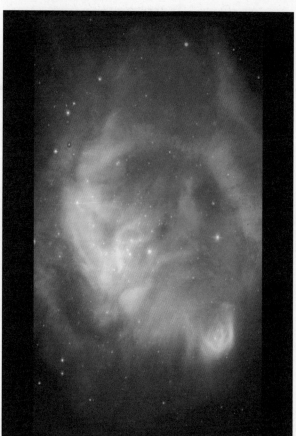

7 把图层设置为叠加模式，这样不但亮一些，而且也看不清楚星尘的边界。

图层属性——叠加，填充100%

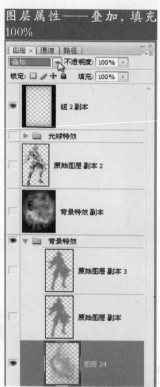

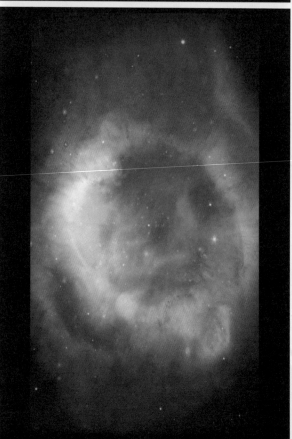

8 然后就是选取一些欧式的花纹来搭配一下效果，比如这张图就是常见的染织类花纹。

图层属性——正常，填充100%

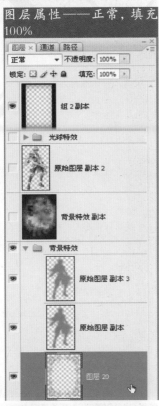

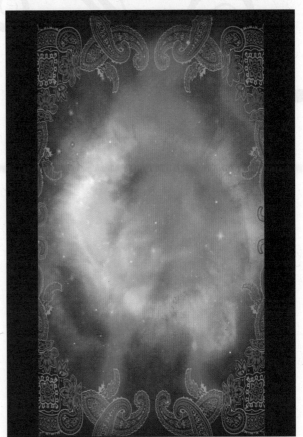

9 但是这种规则的花纹形式不需要那么的明显鲜艳，设为颜色减淡模式。

图层属性——颜色减淡，填充33%

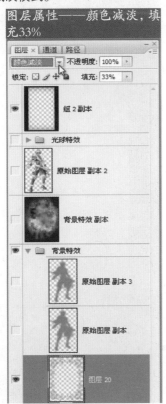

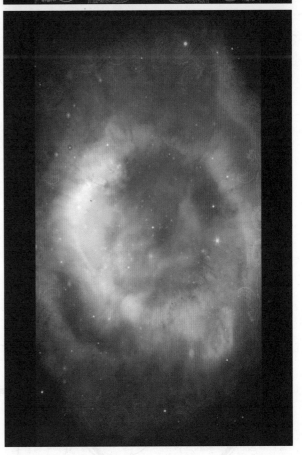

10 来个华丽一点的，这种是韩式纹样，就一个单色，图案比较复杂，但是很像背景上附加了一个光圈或者说光阵的样式。

图层属性——正常，填充100%

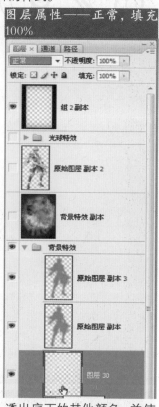

11 设置为叠加模式，透出底下的其他颜色，并使其变得非常的鲜艳，是不是觉得开始花哨过头了呢？

图层属性——叠加，填充100%

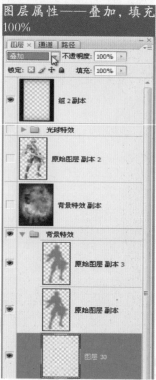

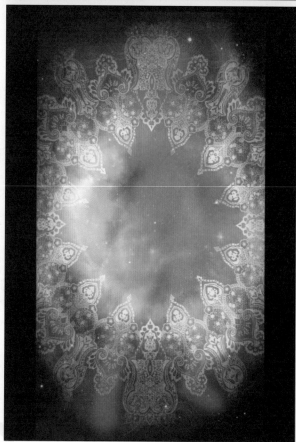

12 用黑色和其他灰色的笔刷在这些图层纸上进行绘制，笔刷的样式是从网上下载来的"光线"、"光圈"、"烟雾"等，这样一来也比较容易压压颜色。

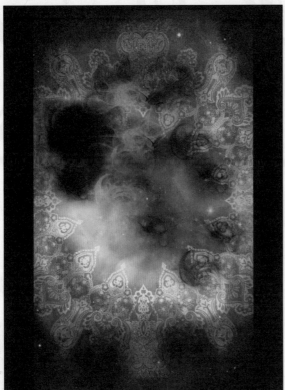

图层属性——正常，填充100%

13 笔刷局部效果。

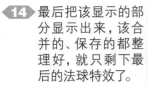

14 最后把该显示的部分显示出来，该合并的、保存的都整理好，就只剩下最后的法球特效了。

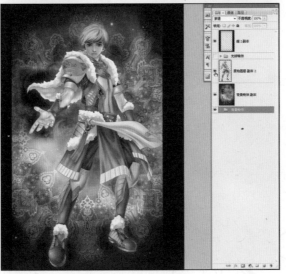

外发光：滤色、不透明度75%

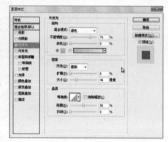

1 这次的"法球"实际上是从网上搜索的宝石图片，就取了中心的圆形部分。不需要去特意的制作什么效果，实际上有时候用自然的石头光泽反倒看起来舒服一些。

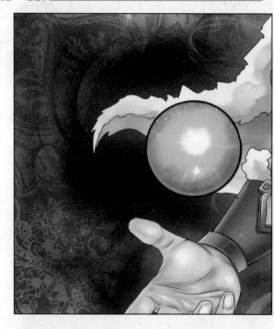

3 双击"法球"的图层，调出其"图层样式"面板，简单的给予一个"外发光"效果，就可以得到初步的光效了。

2 光效部分，主要还是靠笔刷来完成的，配合各式各样的烟雾、光泽笔刷就可以做出如下的效果。

图层属性——正常，填充100%

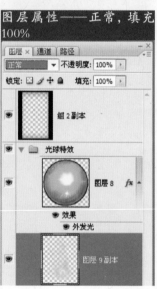

CG进阶 SAI+Photoshop男性动漫角色绘制技法

4 只有把图层属性设置为叠加以后，才不会遮盖住下面的颜色与细节，而且可以达到鲜明夺目的效果。

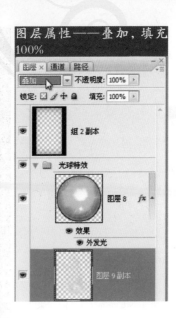

图层属性——叠加，填充100%

5 在其下方再制作一层烟雾笔刷衬托光效。

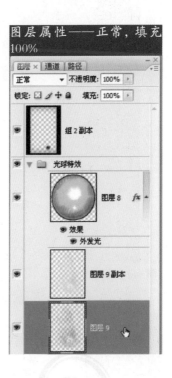

图层属性——正常，填充100%

实例 8 华丽之男法师

107

6 在身体上再加一些其他的烟雾效果（貌似法力在沸腾中），手臂上的黑色烟雾，鞋底显现出来的蓝色烟雾等，均由笔刷直接绘制完成。

图层属性——正常，填充100%

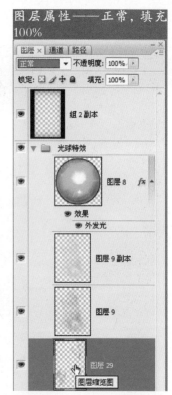

7 手臂上的黑色烟雾特写。

8 鞋底蓝色烟雾特写,这些均是在正常模式之下的,会有些遮挡住角色原有的细节。

9 但如果把烟雾图层设置为叠加模式以后,就可以形成两全其美又不损失细节的效果了。

实例9
Q版男性路径鼠绘法

- ●鼠绘皮肤效果
- ●眼睛的通透感
- ●头发与毛发材料的表达
- ●布料金属与其他
- ●简单背景处理方法

这张图是2010年的时候一个客户给介绍的，这是第一版的效果。当时的要求是模仿梦幻西游的风格，对我来说比较为难，风格这种东西不是随便就可以模仿的一模一样的。

当时给了一些参考图，于是笔者按照其中的一张创作了这张线稿，尽量模仿吧。

9.1　绘皮肤效果

1 首先把线稿置于顶层，中间是空白的用来上色的图层，底下是白色的背景图层。使用魔棒工具，在上方的工具栏中点选"加入到选区"。

2 全部选好以后，执行"选择/修改/扩展"命令。

扩展量为1。

3 填充好以后我们会发觉有一些空隙的地方，所以再选择套索工具，也是勾选"添加到选区"，把一些空隙的地方全部选中。

4 碰到有毛发材料的地方直接多选一点，到时候我们做毛发材料图层的时候置顶就可以挡住这些多余的部分，这样也做得比较快捷一些。

这样一来我们的固有色图层就制作完毕了，之后会经常调用这个图层的选区。

5 现在开始制作阴影部分，新建一个空白图层，这个时候开始使用钢笔工具（记住勾选路径而不是形状图层），把要作为阴影的部分勾勒出来，然后使用前景色填充路径区域。

实例9 Q版男性路径鼠绘法

6 点击路径面板中的空白区域，隐藏起刚刚的路径，然后执行"滤镜/模糊/动感模糊"命令。

7 设置下动感模糊的角度和模糊距离。

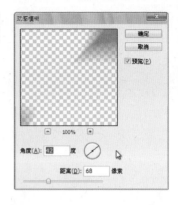

8 阴影部分动感模糊的效果（这里是"虚"部分的阴影效果）。

9 然后开始制作"实"部分的阴影效果，使用路径在这个图层之上直接勾出实色阴影部分的形状。

10 全部勾好以后，还是使用刚刚的颜色填充路径。

114

11 调选出之前固有色图层的选区（按住Ctrl点击固有色图层的缩览图），然后执行"选择/反向"命令。

14 颜色选择紫灰色，亮度稍高一些。

15 同样适用动感模糊，在固有色区域内如果有超出的部分，使用多边形套索选好以后删除掉。

12 把多余的部分直接删除掉（Delete），这样阴影部分也就做好了。

13 再来就是反光部分，路径使用的方式一样，做好路径，然后选好颜色填充，再去路径面板隐藏掉工作路径。

16 全部的反光基本效果如下。

17 也可利用固有色的选区反选以后删除多余的部分。

18 脸部的红晕先直接用椭圆形选区直接做个红色，然后执行"滤镜/模糊/高斯模糊"命令。

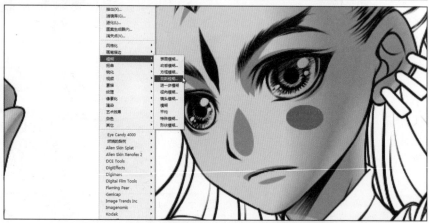

19 数值调整下，基本上要既看得清楚颜色，又看不清楚形状。

20 复制一份移动到左边的合适位置, 并把两个图层合并, 因为都是红晕的图层, 图层属性是一样的, 再继续利用固有色图层的选区把多余的部分删除掉。

21 使用自由套索工具随意的在两边脸颊上做一些高光点(用白色填充)。

22 高光部分需要一些环境色的铺垫, 所以新建一个图层并设置为纯色。

23 取消选区以后进行高斯模糊。

24 再把图层设置为"叠加"模式。

25 使用"色相/饱和度"（Ctrl+U）来调整下高光的颜色，会发现会对固有色产生影响。

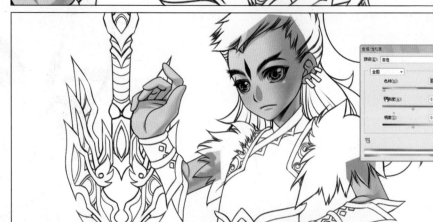

26 在高光的边缘（皮肤的最边缘）直接制作成白色。

27 反光部分使用单根的路径，使用笔刷来描边路径，点选"模拟压力"选项。

28 这样可以看到反光的边缘也强化了一些。

29 把每个图层的名称更改一下，便于之后可以随意修改和寻找。

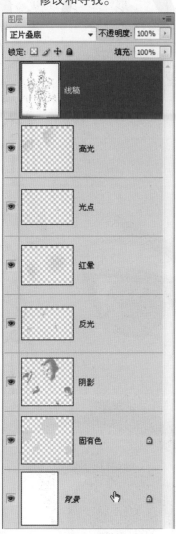

30 新建一个图层组，命名为"皮肤"，把关于皮肤的图层全部拖曳进去，皮肤就基本OK了。

9.2 眼睛的通透感

1 眼睛部分一般来说重画一下比较好，所以勾勒出眼睛内部的路径，使用白色填充路径（这个图层在线稿图层之上）。

2 使用椭圆形选区绘制一个圆形，并填充蓝色。

3 选区这个时候并不要取消掉，直接使用描边，颜色黑色，宽度2～4px，这样可以在蓝色的圆形外侧有一圈细细的黑线。

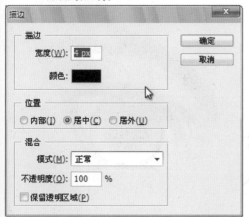

4 然后再执行"选择/修改/收缩"命令。

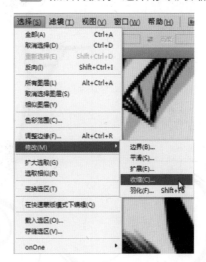

实例 9 Q版男性路径鼠绘法

119

5 收缩完毕后在其中填充黑色，这样一来相当于眼睛的瞳孔。

再选择渐变工具，随即就可以单击屏幕左上角渐变编辑器，在弹出的选项面板中选择第一排第二个——"前景色到透明渐变"选项。

6 并把模式设置为"正片叠底"。

7 这样在眼珠左上往右下拖曳，可以使眼珠有层次变化。

8 现在开始制作眼珠里的高光，使用钢笔做一条单独的路径。

9 选择第四排的圆头钝角画笔：9号画笔，这种笔在模拟压力下的表现不是粗细，而是浓淡。

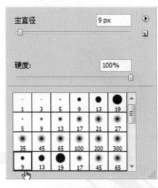

10 多来几层，眼睛虹膜的高光效果就出来了。

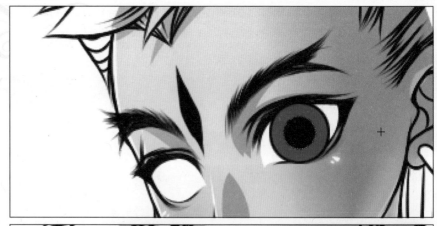

11 靠右下角的部分用白色的画笔点两下，不需要太实（可以把笔刷的浓度调低，直接白色即可）。

12 眼珠的主高光使用套索工具配合白色渐变制作出来。

13 左边的眼珠就直接复制过去。

14 利用先前制作的眼部的整个形状的选区反选，删除掉多余的部分。

15 再来制作整个的阴影（上眼皮在眼珠上造成的阴影和眼珠本身的体积感的阴影），一样是用钢笔制作路径，然后用蓝灰色填充路径。

16 动感模糊以后，把图层设置为正片叠底。

17 多余的部分也是利用之前的选区反选再删除。

18 再来制作眼影效果。

19 设置为正片叠底，效果基本就OK了。

20 一样新建一个图层组，命名为"眼睛"，然后把相关的图层全部拖曳进去。

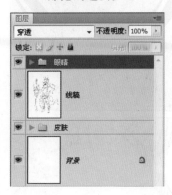

9.3 头发与毛发材料的表达

1 首先把肩膀、腰部、腿部的毛发材料区域全部选中（注意用魔棒选择好后扩展一个像素，配合多边形套索把边边角角的部分补充进去），填充好一个淡蓝色。

2 找一下毛发类型的画笔，载入以后主要调整一下"散布"中的"角度抖动"，改为"方向"，这样在绘制的时候可以按照鼠标轨迹去调整角度。

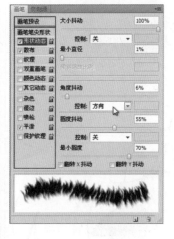

3 颜色方面呈梯度渐变，透明度再调整一下，就可以绘制毛茸效果了。

实例 9 Q版男性路径鼠绘法

4 因为都是色块的方式，所以这里毛发的效果也要用色块来表达，用钢笔路径来直接制作。

5 把阴影图层调整成"正片叠底"模式。

6 整体效果如下，阴影算是基本完成了。

7 用自由路径工具来绘制一些线状路径。

8 设置为白色,选择画笔,画笔数值设置为3-5像素左右,沿路径描边,完成后把图层设置为"叠加"模式。

9 其他部分效果如下,简单点儿即可,本身就是色块上色的方法,不必过于复杂。

10 头发绘制的时候分3个部分,首先是脑后的发髻(中层头发),这个部分的图层设置于肩膀的毛发与皮肤图层的下方。首先也是把形状——也就是固有色图层做好。

11 然后把阴影部分的形状做好。

12 直接选好颜色,使用前景色来填充路径。

13 反光部分的颜色还是和之前肤色反光一样,选用紫灰的颜色。

14 继续动感模糊。

15 超出头发的部分,利用之前的中层头发的选区反选,删除多余部分,再用单根的路径配合笔刷沿路径描边制作一下最亮的高光,这样基本上中层头发就基本完成了。

16 再就是位于脑后的马尾（底层头发），置于最底部的图层。

17 制作好暗部区域。

18 使用单根路径制作头发的亮部光泽。

19 亮绿色，沿路径描边。

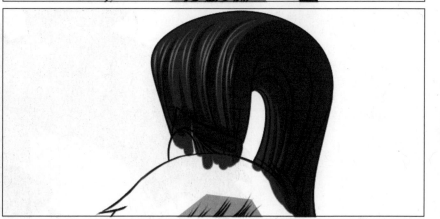

20 做一小片亮光区域。

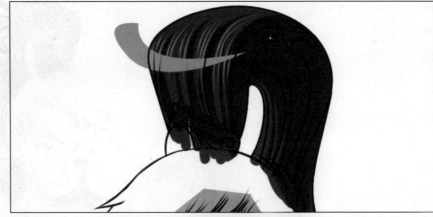

21 使用动感模糊。

22 使用"色相/饱和度"命令把亮度调至最高。

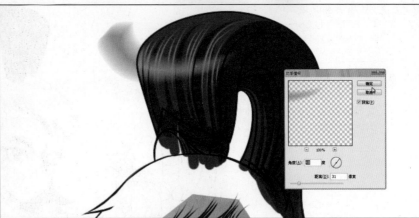

23 再把图层设置为"叠加"模式，从底部向上拉个紫灰色的渐变，这样一来底层头发效果就基本完成。

24 最后就是头顶的头发（顶层头发），这个图层要盖在皮肤之上，所以图层在皮肤图层组的上方，形状做好以后，就直接开始制作阴影部分。

25 执行动感模糊,让它形成"虚"的阴影面。

26 然后利用钢笔路径制作"实"的阴影面。

27 脑后枕骨部分制作一些反光效果,用以区分前后的层次。

28 再来一片白色高光效果。

29 设置为"叠加"的图层属性。

30 强化一下（可以再多做几次高光效果），基本上头发的效果就完成了。

9.4 布料金属与其他

1 布料方面就不多讲了，固有色+虚化阴影+实色阴影基本就可以定出明暗区别了。

反光还是沿用紫灰色，使用动感模糊。

2 亮面使用路径勾好形状，转化为选区以后使用白色渐变，然后把亮面的图层设置为叠加模式即可。

3 使用"减淡"工具，把高光点蹭出来，模式设置为"高光"，强度一般就20-30%即可。

4 完成后，开始制作衣服上的花纹了，选择好合适的纹样图案。

5 粘贴入衣服的选区之内，完成后把粘贴入的图案图层设置为"叠加"或者"柔光"模式。

6 需要一些类似于缝纫的痕迹，使用钢笔路径做几根路径。

7 选取好方形的笔刷，在"画笔"面板中把笔刷的间距调大，角度调好。

8 沿路径描边，不需要模拟压力，顺带双击这个图层给予其斜面和浮雕/投影和描边等效果。

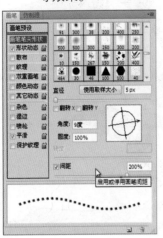

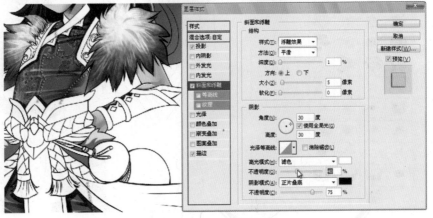

9 再来就是其他的紫色衣服皮料部分，做好选区填好颜色以后，选择第四排画笔（钝角画笔）。

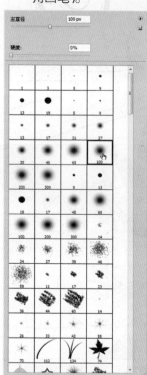

10 配合比固有色深一点的颜色作为阴影，笔刷的透明度调低一点，这样可以慢慢的把颜色做深。

11 有些部分的阴影比较实在或者是转折比较大的地方，用路径做好形状，拉个阴影渐变即可。

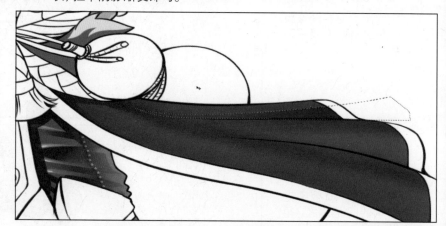

12 选择这种类似于蛇皮或者是石块类型的笔刷，新建一个图层用来做肌理效果。

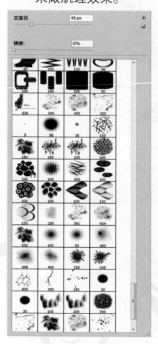

13 在紫色皮料的中心亮面绘制一下，顺带用"减淡"工具把中心部分层层减淡，这样接近于皮料效果。

14 把这种皮料的左边用路径配合画笔描边制作些蓝色的高光环境色，而右边做一些紫灰色的反光颜色。

15 中心裙摆的部分我们来个花纹，打开以后执行"选择/色彩范围"命令，选择黑色部分，拷贝好。

粘贴入裙摆的选区中，把图层设置为"叠加"或者"柔光"。

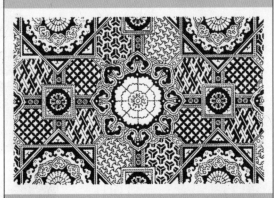

16 蓝色的那一圈算是服饰的包边，有时候是丝绸的，有时候也可以用金属，用"加深工具"将其涂暗一些，然后使用路径配合白色画笔描边亮面，再设置为叠加模式。

17 使用减淡工具蹭出高光亮点。

实例9 Q版男性路径鼠绘法

18 再把环境光和反光等使用路径配合画笔描边绘制一下，这层就基本完工了。

19 红色的部分是身上的一些绳索，暗面和亮面的区分沿用之前的固有色+虚化暗面+实色暗面的方式来完成，这里不多解释了。

20 使用路径配合画笔描边或者使用排线状画笔来加强绳索效果。

21 绳索部分完成以后就是金属的一些部分，颜色用灰色就可以了，先用渐变把亮面暗面区分开来。

22 再用"减淡"工具去
"蹭"出高光,可以
随便来几笔,以便仿
制那种金属划痕的效
果。

23 再把反光的部分用画
笔配合路径制作出
来,基本上就可以了。
金属的高光效果主要
靠的就是"减淡"工
具去蹭。

24 其他的一些小饰物,
还有葫芦的部分绘制
程序差不多,这里不
一一介绍了。

25 所有的两面用单根路
径配合蓝色的画笔绘
制一些笔触。

实例 9 Q版男性路径鼠绘法

26 动感模糊以后设置为"叠加"或者"柔光"模式。

27 紫色部分的反光也是一样的做法。

28 基本上主体效果就完成了，最后就剩下武器和背景特效了。

9.5 渐变减淡制作武器质感

1 剑是对称的，所以我们只做一半即可。

2 使用渐变工具和加深减淡工具，把刺状物的亮面、固有色、暗面区分开来。

3 再用"减淡"工具"蹭"出高光点和金属划痕。

4 这样就可以快速的把金属效果做出来。

5 剑刃的地方处理方法一样，使用路径做好区域，转换为选区后用渐变工具拉出高光渐变。

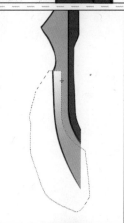

6 另一方就用黑色做渐变，这样金属效果很容易做出来。

7 再用自由套索工具随意的制作一些剑刃缺口的样式。

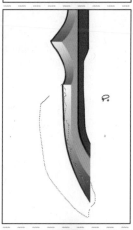

8 再用色阶去调亮一些就可以了。

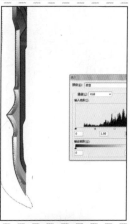

9 剑刃的完成效果如下。

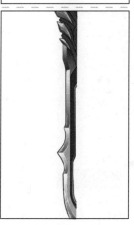

10 剑身部分制作效果一样，主要还是使用"减淡"工具去"蹭"出高光点和划痕。

实例 9 Q版男性路径鼠绘法

11 剑柄的效果，稍微把周围的环境色带上去。

12 其他部分还是先用渐变把光影效果区分开来。

13 再用"减淡"把高光点制作好。

14 其他部分跟上，颜色调整下，剑身也就基本完成了。

15 把相关的左右图层选中，一起复制一份，水平翻转以后移动到相应的位置。

16 移动到所有图层的下方（不能遮住手和衣服部分），然后也用一个图层组装好这些图层，复制一份，合并后拿来使用（原来的图层组隐藏起来）。

1 把相关的文字输入，周围用一些石料的笔刷做下简单的肌理效果。

2 再把背景改成灰色。

3 身体下做简单的阴影效果。

4 开始使用火焰笔刷在剑刃上做点光效。

5 做点白色光斑，遮住线稿图层。

6 剑身周围用图层特效的外发光做点光效。

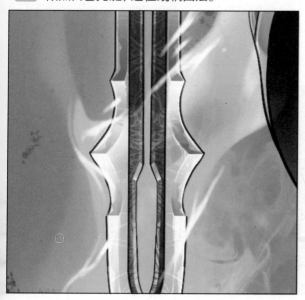

实例 9 Q版男性路径鼠绘法

7 整个的角色所有的图层放置入一个图层文件夹，并且复制一份。

8 合并图层，用来做灰度效果。

9 去色并扩大以后，设置为"柔光"效
果，这样就全部完成了。

CG进阶 SAI+Photoshop男性动漫角色绘制技法

140

最终效果如下，虽然最后还是没有被采用，但是作为练习稿还是蛮练技术的。

御剑侠

仙魔大战时名将之后，流落
江湖，却熟谙兵器，身怀绝
技，胸有百万雄兵，一壶浊
酒，随波逐浪，管他是山烟
潇潇，一把长剑，斩妖除
魔，荡尽世间不平事。

实例9 Q版男性路径鼠绘法

実例10
Q版男性直接上色法

●毛发皮肤的迅速绘制
●短笔触表达服饰与饰物
●Photoshop图层后期调整

上一版的Q版角色没有过关，说实话我自己也不满意，这次我又重新做了一个版本，就没有再用之前的路径上色的方法了，基本上就是笔刷直接绘画。这次的线稿如右图，也是直接绘制，不需要过于干净，本来这种风格还是要粗犷一些好点。

10.1 毛发皮肤的迅速绘制

1 实际上这版之前还做了好几个样式，都是路径描线加上路径鼠标上色，都感觉不太合适，所以最后选择直接画法。

2 首先用比较粗的线条把人体的动势绘制出来。

3 简单的用SAI中的铅笔勾下线，肩膀和腰部要空出来一些，因为那些地方是毛发的材质。

4 开始绘制毛发材质，这个图层要遮住部分线稿，所以在线稿的上层新建一个空白图层，工具方面使用铅笔，它的出锋入锋用来绘制毛发比较方便。

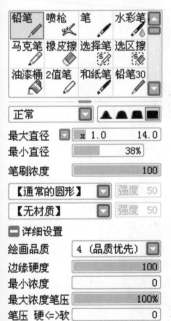

铅笔	喷枪	笔	水彩笔
马克笔	橡皮擦	选择笔	选区擦
油漆桶	2值笔	和纸笔	铅笔30

正常

最大直径	x 1.0 14.0
最小直径	38%
笔刷浓度	100
【通常的圆形】	强度 50
【无材质】	强度 50

详细设置

绘画品质	4（品质优先）
边缘硬度	100
最小浓度	0
最大浓度笔压	100%
笔压 硬<=>软	0

笔压：☑浓度 ☑直径 ☐混色

5 先不必管颜色和层次，先把整个毛发材质的外形迅速制作出来。

6 然后慢慢的区分内部的颜色变化还有一些小毛发等。

7 最终调整的效果如下。

8 再来就是头发的部分,头发走向比较单一,绘制的方法和之前的毛发步骤一样,很快速的就可以表现出来,中间的部分让它发一点白色。

9 然后是后脑勺的发髻。

10 添加一些灰白色,用以区分前层的头发与后层的头发。

11 现在开始皮肤的绘制,基本上使用透明度比较低的"铅笔"或者是混色值50%左右的"笔"就可以快速的完成,也是先做好形状以后,锁定图层的不透明度,然后直接在这个图层上绘制暗面。

12 亮面的颜色过于死板,所以我们加一些亮黄的颜色上去,颜色笔触比较乱,关系不大,之后可以使用"水彩笔"工具来融合颜色。

13 反光面就给予蓝灰色。

14 用比较亮的冷蓝色去加工下反光面,使其对比拉大。

15 皮肤最后使用"水彩笔"来融合一些颜色,也不要融合得太过分,有些笔触就随意的留下,效果可能更好一些。

16 眼睛部分就比较简单了,主要是虹膜部分鲜艳的纯色,以及眼珠的整体高光点与阴影的位置正确,基本上效果就不会太差。

铅笔	喷枪	笔	水彩笔
马克笔	橡皮擦	选择笔	选区擦
油漆桶	2值笔	和纸笔	铅笔30

正常

最大直径	x 1.0	14.0
最小直径		50%
笔刷浓度		68
【通常的圆形】	强度	50
【无材质】	强度	95
混色		21
水分量		26
色延伸		80

□维持不透明度

10.2 短笔触表达服饰与饰物

1 服饰的质感比较粗糙,所以这里我们使用短笔触,而不是以前的那种很光滑的颜色融合效果,就当做是画素描,短排线慢慢来。

2 同样"笔"的设置，
短排线绘制亮面。

3 然后是蓝色的反光环
境色，特别亮的地方
则改用"铅笔"来绘
制实色。

4 布料服饰完成的效果
如下。

5 两肋、裙摆、手臂上的
甲片，就以底色为灰
黑的颜色来刻画，做
成那种黑铁效果，高
光部分就直接以"铅
笔"来刻画，不需要
过渡颜色，特别注意
的是反光和环境色要
跟之前的一样统一为
蓝色。

实例10 Q版男性直接上色法

6 给下面的裤子布料加一点点黑色，用以区分层次（新建一个空白图层，给点灰黑色的渐变，用水彩笔做就可以，再设置为正片叠底即可）。

7 在绘制其他部分之前，先在一些布料边缘绘制一些花纹，设置为正片叠底。

8 把金黄色的布料和金属绘制出来，之前有正片叠底的花纹，所以效果就彰显出来了。

9 反光和高光也跟上，主要区分好布料的高光反光颜色的柔和性，金属的明暗要拉大。

10 墨绿色宝石部分主要把阴影和亮面颜色拉开，高光部分直接用白色配合铅笔即可。

11 有时候不必太注意颜色什么的，先把黑白灰拉开。

12 即使颜色简单，黑白灰拉开之后，至少明度和空间感会迅速的先表现出来。

13 腰间、腋下的红色绳子与背后的葫芦快速的表达一下，葫芦上随手给与一些花纹即可。

14 再来就是手臂、发冠上的黑色金属环，黑白灰拉开，高光用白色直接点，反光和环境色还是统一成蓝色即可。

15 如果怕效果过于单调，就给其来一些花纹，可以设置为叠加、正片叠底、亮光等等效果。

16 脚部原本已经绘制好了，但是为了区分前后的空间效果，在脚部做层灰色，这样显得越下面的地方颜色越灰越虚化，注意不要把鲜艳的前面的裙摆给遮住了，另外注意图层的顺序。

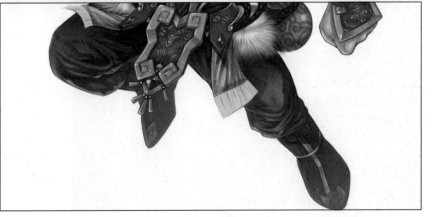

17 鞋底的部分已经虚化了，但是还是用铅笔把蓝色的环境光加强一下。

18 上一章节我们已经说过了武器的制作方法，这里就把之前剑的线稿给复制过来，使用变形工具倾斜和斜切一下，配合手部抓握的位置即可。

10.3 Photoshop图层后期调整

1 角色完成以后，剩下的基本就靠Photoshop来整理了，首先和上一章节一样，把文字输入，底层改成灰色，周围部分用些肌理笔刷，设置为正片叠底模式。

2 调出肩膀和腰部的毛发图层，再新建一个空白图层，来些颜色比较鲜艳的渐变，设置为叠加或者柔光模式。

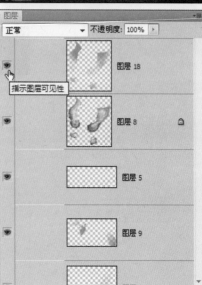

3 之前已经把脚部设置了灰色，这次再来一个灰黄色，以便与之前的蓝色环境光形成色相对比，拉开距离。

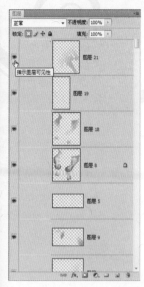

4 从头顶向右下角拉个蓝色的渐变，设置为叠加模式，强化环境光效的影响。

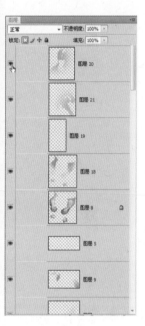

5 武器就把上一章节的武器图层组直接拖进来，稍稍修改一下。

实例10 Q版男性直接上色法

6 角色图层再强化一下，"组2副本"是复制的角色图层组合并而成的，而"组2副本3"是再复制一份并且高斯模糊再调低透明度，"组2副本2"则是再次复制以后加强模糊再设置成叠加并降低透明度，这样整个角色图层会柔化并且鲜艳很多。

7 把武器竖一把放在图的右边，复制一份并且变形与手部匹配好位置。

8 图层组管理设置好，再把角色复制一层并去色，扩大以后设置为正片叠底或者叠加，整个效果就基本完成了。

最终效果如下，但是这版也被客户给否定了，可能还是风格上面不合适吧，只好自己收藏了。

御剑侠

仙魔大戰時名將之后，流落
江湖，却熟讀兵書，身懷絕
技，胸有百萬神兵，一壺濁
酒，瞰波載浪，管他吴山烟
瀰瀰；一把長劍，斬妖除
魔，瀉盡世間不平事。

实例11
治愈之光

本期是以治疗为主的题目，一个是给病人治疗，另一个是给自己治疗，医师特意的设计成了带着眼罩的样子，因为想起了盲人按摩嘛……姿势方面就很均匀的对称动作，患者躺在石台上，也就蒙着眼睛吧。到时候用医师手上的光效来表达医治的动态效果。

11.1 皮肤及面部塑造

1 皮肤方面的固有色比较黝黑一些。

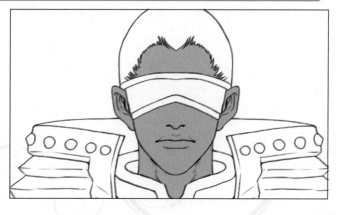

2 面部的阴影集中在脸颊、口轮匝肌还有眼眶、鼻下阴影、上嘴唇和嘴角等部分。

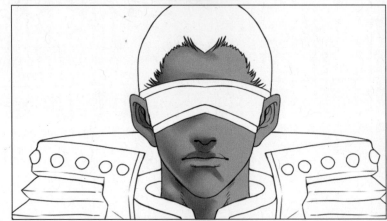

3 用水彩笔去融合笔触和颜色。

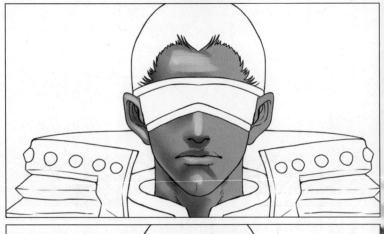

4 使用大笔触,在面部的一些高光来几笔,主要是额头、鼻梁、下嘴唇和下巴等部分。

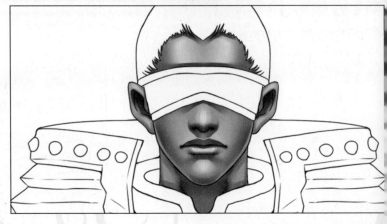

5 多层细化下,特别是鼻翼部分,唇线和上嘴唇在下嘴唇上的阴影,完成效果如下。

6 手部效果也是差不多如下。

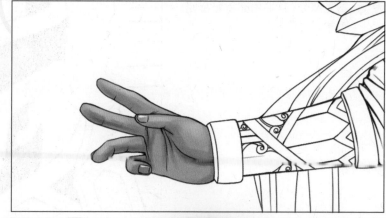

7 头发部分主要用蓝黑的颜色，辅以铅笔配合亮蓝色勾勒下高光部分。

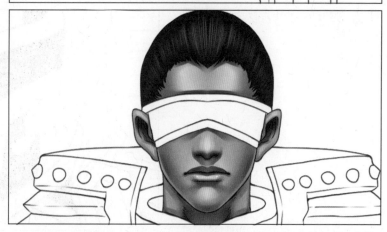

11.2 身上甲胄的表现

1 身上的甲胄以深色为主。

2 利用"笔"的混色特性，把甲胄的阴影和厚度用黑色表示出来。

3 高光部分, 直接用亮色配合铅笔来勾勒即可。

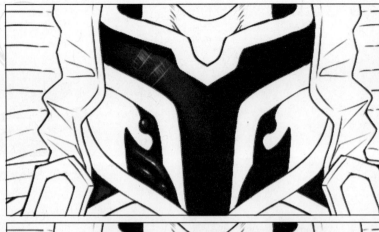

4 领口部分的甲胄就这样基本完成。

5 同样的方法, 把两肋还有腰部的圆盘型的金属完成。

6 再回到头部, 眼罩部分还有两侧衣领的金属用同样的方法完成。

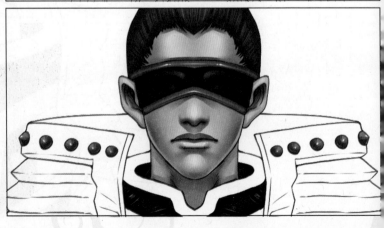

7 蓝色的金属需要在很多地方都点缀一下,这样显得颜色比较统一,肩部伸出去的角状物如图所示。以及袖子两头的金属环。

8 腰部再添加一些比较亮蓝色的金属装饰,注意下反光的灰色效果。

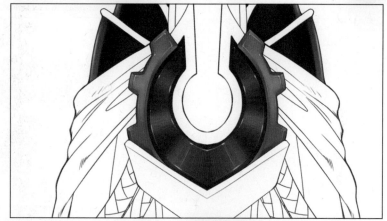

9 胸口披风和肩甲绑定的位置,也来两个相同亮蓝色的宝石作为扣子。

11.3 金属软甲及细节

1 再来就是金属软甲的制作,主色调以铜黄为主。

2 随意一些把阴影部分涂抹出来。

3 脖子后面的那部分，多来一些灰色，使颜色饱和度降低。

4 再添加细节部分，特别是高光的点缀。

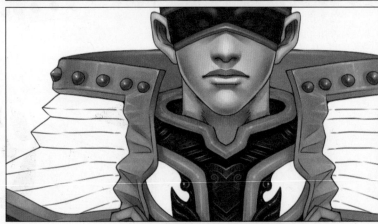

5 最终细化效果如下。

6 周围的金属包边和金属条效
果如下，基本制作方法一样，
只是因为比较光滑，所以细节
部分没有那么多。

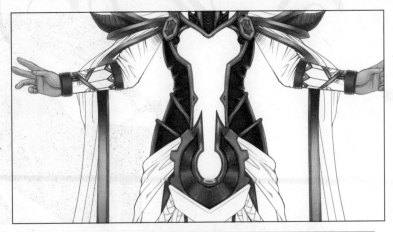

11.4 双肩及披风质感

1 双肩空白部分就以很深的紫黑
色填充。

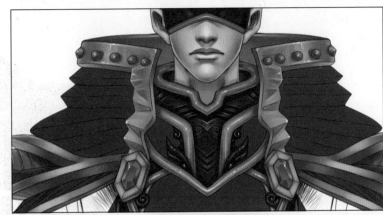

2 亮部用紫色来几笔。

3 高光部分就用亮紫色配合铅
笔勾勒出来。

4 披风灰一点，颜色饱和度可以低一些。

5 手臂中间就绿灰色，点缀下高光就可以。

6 再把腰部和裙摆也以灰绿色绘制。

7 再去补充手袖还有其他的小细节。

8 腰部两侧的布料和手袖的颜色差不多。

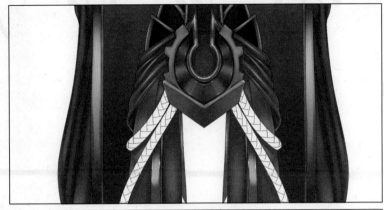

9 最后把绳索还有裙摆补充完成，主角的整个颜色就完成了。

11.5 病人造型表现

1 然后开始绘制病人，首先把身上盖着的布料绘制一下，颜色饱和度要低一些。

2 上身的衣服没有什么特别的，但是皮肤方面要注意下血迹。

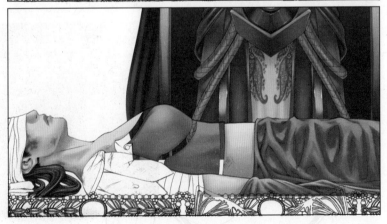

实例 11 治愈之光

3 ▶ 肩膀上就是普通的金属,把磨痕多表现下,就是那种斑驳的金属表面。

4 ▶ 然后把遮住眼睛的布料粗犷的表达一下。

5 ▶ 下面的石台简单来些渐变,把靠上的高光点缀一下即可。

11.6 Photoshop后期调整

1 ▶ 进入到Photoshop中进行光效的合成,手部用光效画笔加上烟雾画笔,简单组合一下。

2 在病患和医者之间来一层蓝色的烟雾画笔组合下。

3 光是一层蓝色太单一了，这里笔者加了一些星云的效果，实际上是把星云图片除黑色部分选取出来，然后填充黄色。

4 手部最终光效就是很华丽的烟雾和光效了，这里两边不需要完全的一样，只要光效看起来像是在流动，目的就达到了。

5 最后各个部分检查补充一下，在胸前加上图案纹样，给予图层样式，基本上就完成了。

最终效果如下。

实例12
治疗之术

治疗之术在设计的时候，编辑要求是一个男性角色在水中（或者是培养槽）中自我疗养的样式，这使我想起来《七龙珠》中贝吉塔常用的疗伤用的培养槽，反正大概就是角色在水中，有些牵引到身上的类似于针管啊什么的。所以，角色主体是蜷缩的样式，现在就准备开始上色了。

12.1 手臂部分造型

1 这一次的皮肤就不用通常的黄色，改用冷蓝色。

2 用暗一点的蓝色，把每部分肌肉结构的暗面表现出来，手臂上的肌肉比较厚实，可表现的结构层次比较丰富。

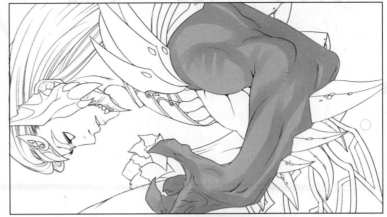

3 用更深的颜色，还有饱和度比较高的蓝色去丰富暗面。

4 再用"水彩笔"把笔触稍微融合，使其光滑一些。

5 接着就是亮色，直接用"笔"工具表达，而不是和以前一样用"铅笔"勾高光点，高光还没有到落实到点的阶段。

6 然后就是很亮的蓝绿色反光，利用反光加强肌肉结构。

7 最终胳膊完成效果如下。

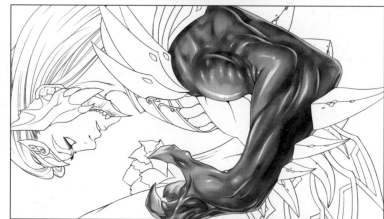

8 另外一只手的做法是一样的，因为距离的原因，对比度方面就没有近处的胳膊那么大，可以稍亮一些。

9 接着就是腹肌，也是一样的方法。

1 继续往下就到了面部和颈部的皮肤,强化下骨点和肌肉即可。

2 添加好眉毛和眼珠,眼珠这次就只要眼白就可以了,不必把眼珠绘制出来,这种翻白眼的效果很像是在昏迷治疗中。

3 然后就是补充肘部的角状物体,一样的强化反光效果,本身角状物主要注重斑驳的感觉。

4 顺势而下,就是角色的裤子部分,是布料的质感,其他没有什么强调,仍然是反光的效果,因为在水中,反光效果会很明显。

实例 12 治疗之术

5 回到画面的上半部分, 补充好背脊上角状物的质感。

6 头发迅速补充起来, 颜色和裤子差不多都是紫灰色, 主要是饱和度比较高, 一样强调环境光效。

12.3 身上的甲胄部分

1 皮肤、布料、角质、头发等已经完成了, 再来就是身上的甲胄部分, 以纯灰色为主, 反光一样要饱和度很高。

2 腿部的灰色部分甲胄跟上。

3 补充好灰色甲胄周围的金属包边。

4 上半身的金属包边包括肩甲、胸甲、头冠部分，全部快速补充好。

5 然后把肩甲的颜色设置为很深的蓝黑。

6 背景就先涂成黑色，然后把头部装饰上的牙状物补充好，虽然是灰色，但是要偏红色一些。

实例12 治疗之术

7 再来就是用白色配合铅笔四处勾勒高光点了，也有一些是水泡的边缘高光，水泡到Photoshop中用图层样式来表示。

12.4 Photoshop后期合成

1 使用Photoshop中的径向渐变，背景的中心部分是绿色。

2 来张星云的图片盖在绿色背景上方，设置为滤色模式，填充46%。

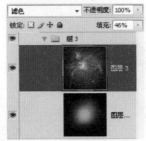

3 然后来张水的图片，中间用羽化值为200像素的圆形选区选好，以后直接删除，然后使用滤镜中的扭曲让中心部分不断的旋转。这个图层设置为颜色减淡，填充88%。

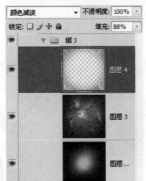

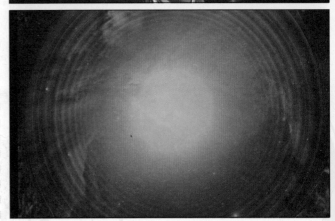

4 再来些蓝色，照样旋转扭曲，图层设置
为滤色，填充64%。

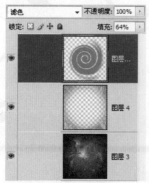

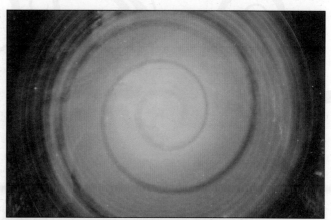

5 相同的方法，灰绿色，差值54%。

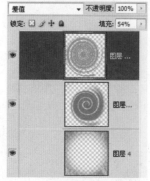

6 整个角色轮廓选中，填充为亮蓝色，图层
设置为滤色，这样背景基本制作完毕。

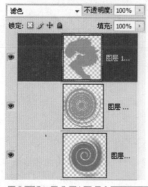

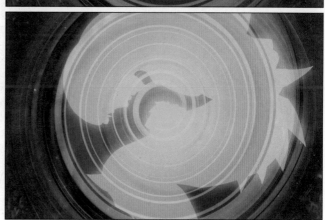

12.5 各部分细节制作

1 把角色的整个图层组复制一份合并，原
图层组隐藏掉便于修改。合并的那个图
层给个外发光的图层样式。

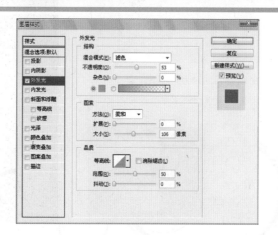

实例 **12** 治疗之术

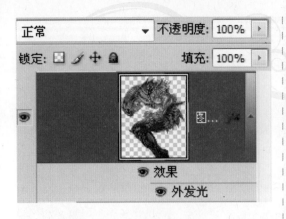

2 把皮肤部分全部选出来,填充土色,图层设置为颜色模式,填充90%,因为之前的蓝色好像蓝的过了点。

3 再来一个空白图层,随意的来些光点,为之后的水泡和链接角色的管状物铺垫一下,图层设置为叠加模式。

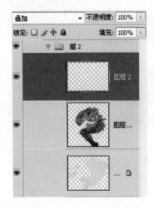

4 把管状物设计成那种血管状。

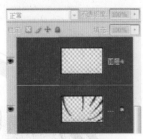

5 然后就是之前说的从口中吐出的水泡，设置为外发光的效果。

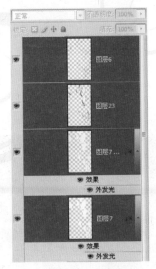

6 手部开始做特效，近处的手不管它，后面的那只手用白色，图层设置为柔光模式，加亮手上的光效亮度。

7 然后就是一个虚化的圆形，蓝色，图层设置为饱和度模式，这样的话靠近手部，包括胸部的颜色会马上鲜艳起来。

8 再来一层，并改为滤色模式，这样一来，整个的绘制就完成了。

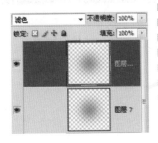

最终效果如下。

实例13
冲锋之骑兵

騎兵類的角色一般來說在卡牌遊戲中都是必不可少的，就相當於象棋中的馬一樣，在遊戲中，不是移動距離上有優勢，就是可以衝鋒之類的，這次的要求就是一個騎兵的形象。下面看看上色的過程。

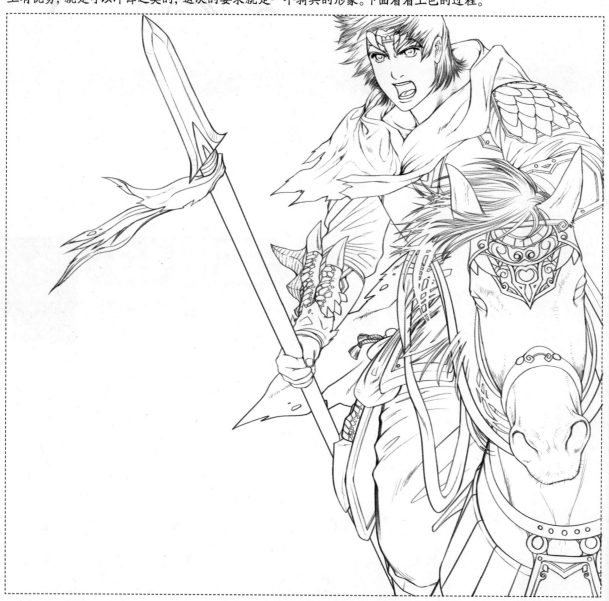

◀13.1　身体部分造型▶

1 皮肤方面之前的教程里说的蛮多，这一次就稍微简单一点。头部皮肤这次主要注意的地方就是脖子以下的灰色阴影，颜色不需要那么实在，有时候补充一些灰色或者对比色的话，层次会拉得更开一些。

2 眼珠的高光直接点缀一下就可以了。

3 手部也是如此，特别是靠近身体部分，那里的反光比较多，灰色一定要适当。

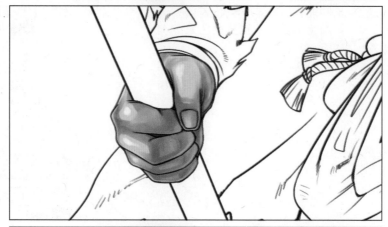

4 然后快速的把两侧的手袖部分完成，左侧的反光灰色比较多。

5 腿部裤子部分的颜色跟手袖的差不多，膝盖地方的反光灰色较多。

实例13 冲锋之骑兵

6 再来就是颈部的类似于披风的布料，颜色朴素一些，灰色多一些。

7 肩膀部分的重复小甲片，可以用颜色不鲜艳的铜黄颜色来表示。

8 周边用灰紫色来表示金属包边。

9 头发简单的用绿色表示，多来些头发丝亮色的勾勒。

10 把头部的装饰物，胸甲等补充一下，以暗色为主。再把口中的牙齿和舌头等补充一下。

11 胸甲、手甲、马头上的装饰物，这几个金属装饰物的颜色都差不多，可以做到一个图层里面。

12 用稍微鲜艳一点的红色把腰部飘扬起来的布料表达一下。

13 手中武器飘扬的红缨和腰部的颜色是一样的，使用同样的方法表达一下。

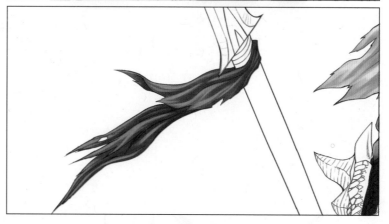

1 回到坐骑"马"的身上,先把头部装饰物的金属包边绘制出来。

2 补充一些紫红色的宝石,再把飘扬的鬃毛绘制出来,头前边可以非常的详细,而脖子后面的就可以虚化一些,也就是来些大笔触就可以了。

3 马头的部分是比较难的,一来马头上的毛发材料是不必说,比较多的。二来马头的肌肉比较多而且是需要着力表现的。所以需要大笔触表现肌肉,小笔触表现毛发材质,额头中间的毛发要比较白一些。

4 马栓的绳子部分绘制成红色,为了色彩上的呼应,把手臂部分的爪子也绘制成红色,注意表面鳞片的斑驳光效。

5 再把爪子和骨质的效果完成。

6 马身的空白装饰物还有眼睛等补上。

13.3 武器部分的质感

1 再来就是武器部分，本身设计成的是一把长枪类型，这种金属质感比较好表达。

2 但是感觉武器比较单薄，跟编辑商量后，在其上加上斧子的一些造型元素。

仔细加工斧子和长矛连接部分的装饰效果。

4 再把斧子部分的斧刃亮色表示出来。

5 最后在人物的脸部和裸露出来的肩部皮肤上绘制好纹身样式，整个角色的SAI绘制基本结束。

13.4 背景及其他细节

1 背景笔者是选了幅油画（战争题材），再执行滤镜/杂色/中间值命令，而武器的斧子部分合并以后执行图层样式/外发光命令。

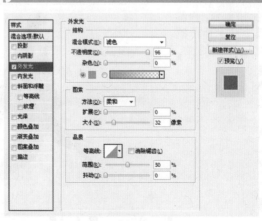

CG进阶 SAI+Photoshop男性动漫角色绘制技法

188

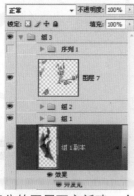

2 ▶ 在斧头部分的图层下方新建一个
空白图层,用烟雾和光效笔刷组
合成流淌的光效,图层设置为滤
色模式。

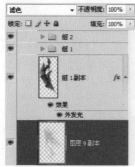

3 ▶ 整个角色和马匹的前方给予灰蓝
色的烟雾,直接用些火焰笔刷即可。

4 ▶ 角色的后方和背景之间,来一层
很浅的灰色的火焰笔刷,这样一
来整个的效果基本完成了。

实例
13
冲锋之骑兵

最终效果如下。

实例14
坚毅之斧手

拿着斧子的士兵，说实话那个线稿还确实不怎么好表现，总觉得手部的透视有问题，所以在绘制的过程中又重新加工了左边的胳膊，一起来看看实际的上色过程。

14.1 皮肤的整体塑造

1 皮肤方面选择土红一些的颜色。

2 用泛紫的深色把面部的深色区域多涂几笔。

3 使用"水彩笔"去融合颜色。

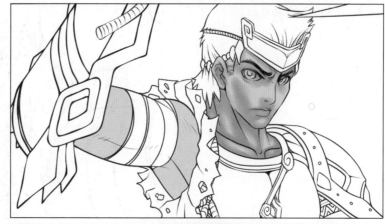

4 再用更深的颜色去塑造肌肉、眉弓、鼻翼等部分。

5 用稍微鲜艳一点的灰紫色把面部的一些可以反光的部分加工一下。

6 不断地细化加工，特别是反光和高光部分。

7 细化以后的效果如下。

8 眼珠部分加上虹膜的亮光与眼珠的高光点。

9 整个皮肤的效果如下。

1 头发部分简单绘制一下即可。

2 身上的布料，还有手臂上的那种绷带，破损的袖子，腰部的布料均用同样的颜色来表示。

3 板甲部分就用黑色类似金属材料方式来表现。

4 周围的金属包边用蓝紫色来表现，注意反光和高光点。

5 其他空白的类似于软甲的部分, 就用黑色来表示, 饱和度会比其他部分低很多。

6 剩下的一些小碎空白, 还有头上的牙状装饰物等, 补充好。

7 其他的空白就是留出来的蓝色宝石状的装饰物效果。

8 斧头表示起来比较简单。

9 胸甲的部分把纹样图层设置为叠加或者发光模式。

14.3 手臂及武器

1 手臂部分确实得重新再画,所以就直接把左边的手臂擦除掉了,连带线稿和其他的图层一起。

2 先把整个胳膊的肌肉结构绘制好,再去添加甲胄的外部结构线稿。

3 然后是绷带的部分,画着画着感觉像铝合金了。

4 把手上的护甲补充好，颜色参考之前的整体色彩分布。

5 再把之前的斧子转个方向补充上去。

14.4 其他细节部分

1 角色的图层组复制一份合并掉，设置为外发光效果，原始的图层组隐藏起来便于以后的修改。

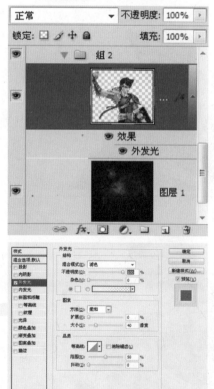

2 背景方面还是以星云为主，再加一些颜色，执行滤镜 / 扭曲 / 旋转命令，并且设置为叠加模式。

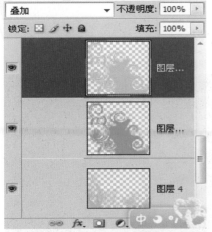

3 斧头的光效是以其选区填充黄色，然后执行滤镜 / 模糊 / 动感模糊命令，图层设置为滤色模式，填充为 26%。

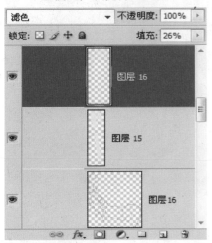

4 角色的前方用火焰笔刷进行绘制，图层模式设置为柔光模式，基本上整个绘制就完成了。

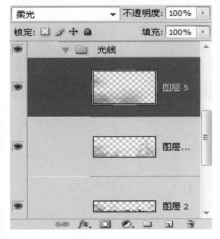

最终效果如下。

实例15
狮之骑兵

坐骑都是马的话，感觉就不那么像游戏了。这次的坐骑就是狮子，下面我们一起来看看狮骑兵的实际上色过程。

15.1 皮肤及布料塑造

1 皮肤开始的绘制比较快速，使用固有色加上暗部颜色涂抹。

2 颜色深部的层次要多一些,再加一些暗部区域。

3 反光就是紫灰色,在相应的部分绘制几笔。

4 逐步的加深和加强反光,眼睛的颜色也跟上。

5 最后加上高光点,面部的皮肤绘制就完成了。

实例 15
狮之骑兵

6 手部的绘制也跟上,画的时候不小心把肩膀的图层给合并掉了,绘图的时候最要注意的就是图层的分组和管理。

7 右手手掌的绘制效果。

8 头发绘制比较简单,把颜色层次拉开,多加些高光即可。

9 在线稿图层以上,用铅笔绘制红色发丝。

10 补充好脸颊两边的骨质效果。

11 再来就是手袖部分的布料绘制，颜色可以深沉一些。

12 腿部的布料也跟上。

15.2 手部及武器质感

1 回到手部，重点把手上拿着的小匕首画的精致一些，先把部分的固有色铺垫上去。

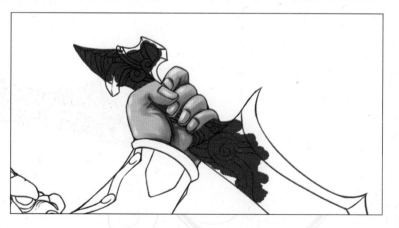

2 按照其中的纹样走向,把深色的阴影部分绘制出来。

3 再来几笔亮色,把纹样的体积感表达出来。

4 最后用铅笔,配合亮色,把上面的高光点勾勒出来。

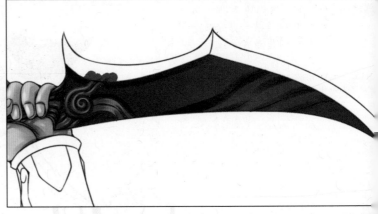

5 往下,把画面旋转下便于绘制,刀身铺垫成灰黑色,顺带在里面绘制几笔深色。

6 深色中间来几笔稍亮的颜色。

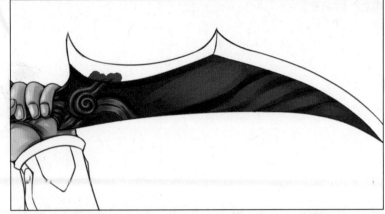

7 使用铅笔直接勾勒出金属亮点。

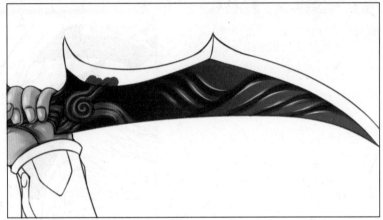

8 最后补充好刀刃，多用铅笔去表达刀刃的磨痕与金属质感。

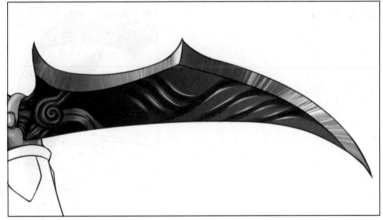

9 然后整体的加上环境光效，青绿色，最后刀身的光效也会用这种颜色来表达。

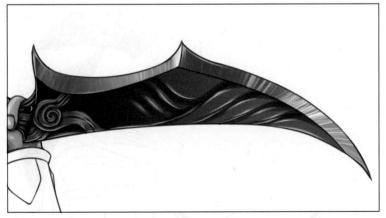

实例

15

狮之骑兵

10 再去补充下刀柄的小细节, 全部补充好。

15.3 甲胄及饰物质感

1 再来绘制躯干上的甲胄, 首先把两肋的灰黑色部分填充好。

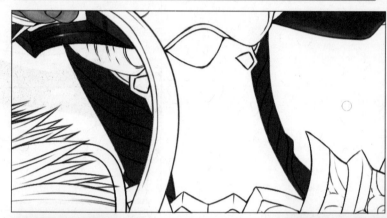

2 再用黑色沿着线条加深。

3 然后用铅笔配合白色勾勒出每片甲片的高光。

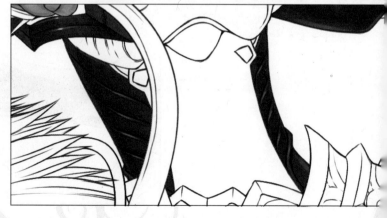

4 最后加上环境光色，两肋的软甲就完成了。

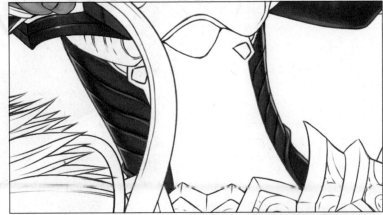

5 同样的方法把左手手臂上的甲胄绘制出来。

6 右手也是一样，只是肩膀部分多了一些，稍微有点复杂，空余出来的部分稍后上暗色和金属色用的。

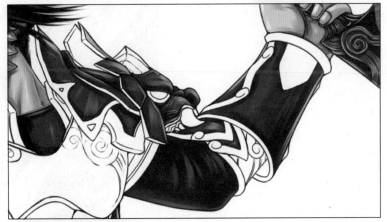

7 腿部的也跟上。

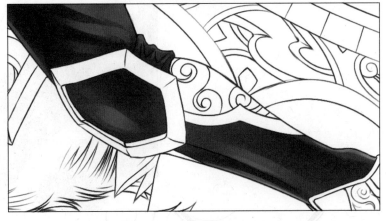

8 再来就是胸口的重甲。

9 不算很深的颜色把花纹和胸甲本身的体积关系表现出来。

10 再用再深一点的颜色加重体积效果。

11 然后是体积效果中的亮色部分。

12 最后点缀高光与反光，是不是很有琉璃瓦的那种光效。

13 同样的方式去处理腰部的那些甲片，基本上也是琉璃瓦的那种光效。

14 小腿肚上也来一些，显得装饰性的平衡，哪里都有一些，免得过于单调。

15 最后是腹部的软甲，金属效果就轻了一些，来一些相同颜色的花纹即可。

16 把手臂和肩膀上的铜黄色金属包边跟上。

17 腰部更是如此，注意包边的厚度是靠提高光点表现出来的。

18 腿部跟上，特别注意鞋子上的小装饰物的表达。

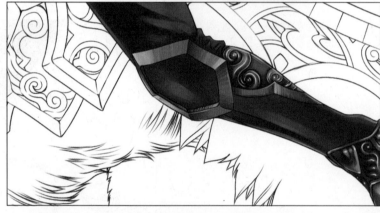

15.4 坐骑狮子造型表达

1 开始绘制坐骑，先把角色在坐骑上的阴影绘制出来，设置为正片叠底模式。

2 然后回到狮头,把鬃毛上吊坠式的装饰物表示出来。

3 回到鞍子上,先把鞍子的皮料效果表示出来,主要是扣子旁边形成的皮料皱褶效果一定要加强。

4 同样,将鞍子在狮身上的阴影表示出来。

5 开始重点绘制狮头上的金属头冠,把内部的墨绿色涂抹出来,顺带把金属包边在其上的阴影表现一下。

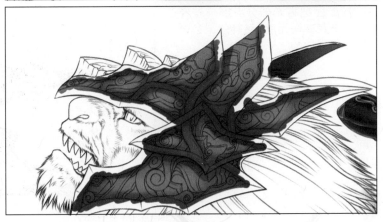

6 中间有些花纹,填充为青绿色,
设置为叠加或者发光模式。

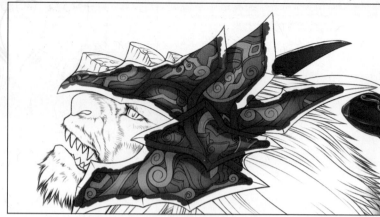

7 再找一些小碎块的区域,做暗
一些。

8 再添加好高光部分的笔触。

9 最后把高光部分点缀一些纯
白色的高光点,这样效果会好
很多。

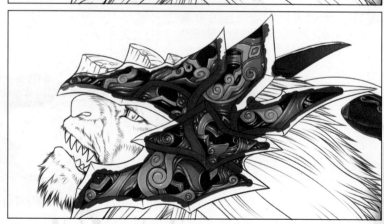

10 都完成以后，再加一层阴影颜色。

11 之后就是铜黄色的金属包边，这一块绘制起来比较快速，把亮暗区别拉大就可以。

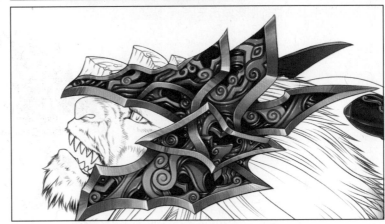

12 再加深金属包边的阴影面，颜色偏一些暗红。

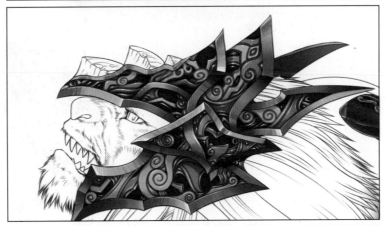

13 上端高光部分加一点点红色，这样鲜艳一些。

14 头冠部分加上角质的结构, 表现角质材料时多来些斑驳, 不需要高光点什么的。

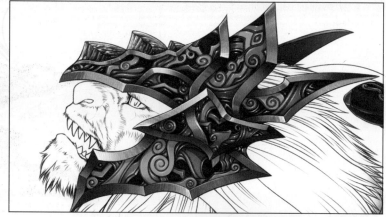

15 把鬃毛装饰物的阴影做出来。

16 然后是金属头冠整个在鬃毛上的阴影也做出来。

17 回到鞍子上, 把中间类似于琉璃瓦似的效果完成。

18 把周围的金属宽边加工好。

15.5 狮子细节绘制

1 接下来是狮子身上的绘制，先把嘴巴牙齿和牙龈完成好。

2 用铅笔配合，调整混色值，配合着把里面的那只腿的毛发效果绘制出来。

3 后腿里面的那支效果差不多，快速的表现一下。

4 然后是肚子下面的鬃毛，猫科动物肚子下面的鬃毛一般比较肥厚，可以画的很油光。

5 再就是头部那些蓬起来的鬃毛，靠近下端的会被缕成辫子，比较整齐，颜色可以与身上的毛发有点区别，鲜艳一些。头部的颜色亮一些，层次丰厚一些。

6 再把身上其他部分的毛发也跟上。

7 把眼睛的高光点补充上，这样就很水灵了。

8 后面的鞍子，加一点灰白色，把空间层次拉开，角色的绘制就基本完成了。

15.6 背景处理及调整

1 背景是月球的星空图片，再加一些山树的剪影，给予外发光效果。

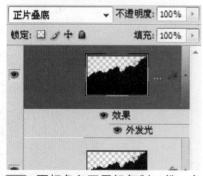

2 再把角色图层组复制一份，合并掉，然后执行动感模糊，填充值调低，同理来一个白色的图层，也是动感模糊，图层模式为叠加，填充为52%。

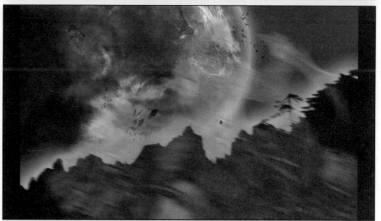

3 角色图层透明度调整为100%，然后开始制作小刀的光效，光效使用烟雾笔刷，图层设置为正常。

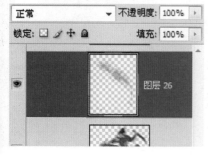

4 然后再来一层,设置为叠加模式。

5 再来一层,也是叠加模式,颜色饱和度调高,偏青绿一些。

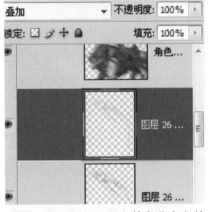

6 底下角色图层之前来些白色的烟雾笔刷,再执行动感模糊,造成飘动的风雪效果。

7 头顶上也来一些,整个的绘制就差不多了。

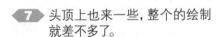

最终效果如下。

实例15　狮之骑兵

实例16
指挥者

骑马的指挥者, 既然是指挥官, 马的装饰性就不必说, 一定要很威猛, 再就是后方一定有旗帜, 线稿如下, 我们来看看详细的上色过程。

16.1 指挥官造型绘制

1 首先是头发, 采用大红, 实际上高光加上去以后蛮像PVC材质的。

2 紧跟着快速的把面部皮肤绘制出来，简单分几个色块就可以了。

3 顺势而下的就是身上的一些甲胄，注意高光与反光。

4 添加好灰色的金属甲胄部分。

5 另一边的肩甲，还有手袖的布料部分跟上。

6 再来是鲜艳的披风，把内侧部分的颜色明度降低。

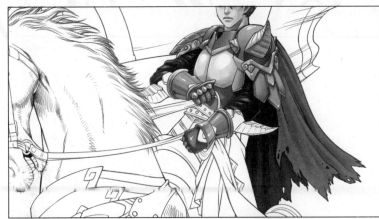

7 裙摆部分就用蓝紫色来表示，主要是布料效果。

8 再把腹部、腰部、腿部的金属甲胄加工好。

9 整个的角色在坐骑上造成的阴影加工好。

10 再点缀下高光点,特别是眼珠的高光。

16.2 坐骑整体造型

1 接着就是坐骑的绘制,马尾简单来个渐变。

2 再用铅笔绘制一下亮面。

3 添加一些深色的层次。

4 最后再添加一些高光的发丝效果。

5 回到马头上，旋转一下画布配合绘制，先把整个的暗面绘制出来，注意下其中有些小的亮面，骨质的是斑驳的效果。

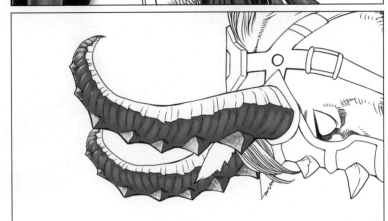

6 再来表示一下亮面，同样是很斑驳的质感。

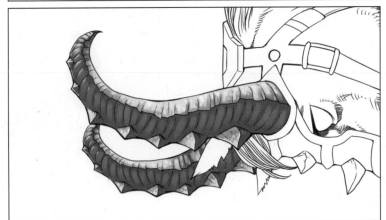

7 整个从下往上拉一下蓝黑色渐变。

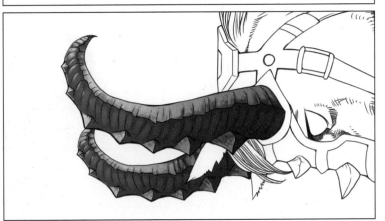

8 颜色整个调整的鲜艳一些。

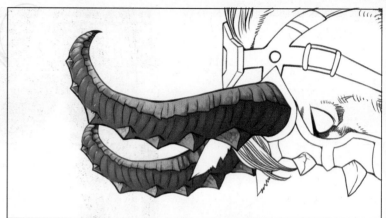

9 反光面用紫灰色绘制一下，注意面积，不需要太多。

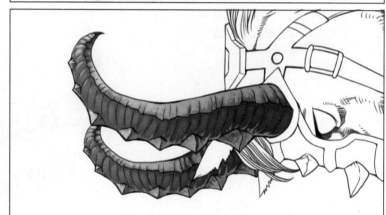

10 按照角的交界面去添加一些重色效果。

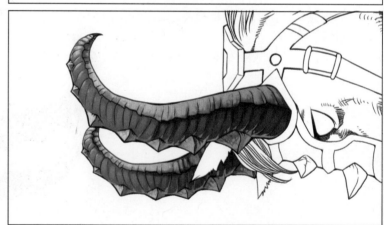

11 点缀一下斑驳的高光，基本上角的骨质效果就完成了。

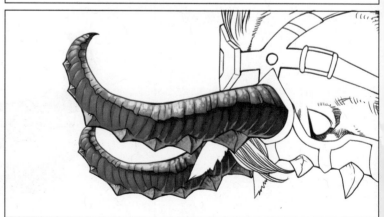

12 开始绘制马身，先把枣红色的颜色涂满，后面的鬃毛颜色要深一些。

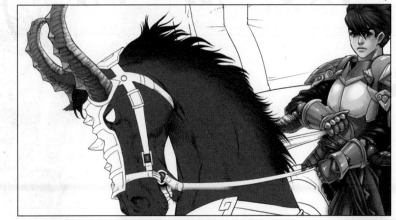

13 深色亮色一起加工，把马身的肌肉结构简单表达出来，用水彩笔来融合颜色。

14 继续提亮，使肌肉结构更加明显。

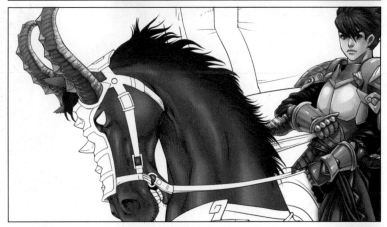

15 用笔配合亮色，并且把混色值调高，把马身肌肉油量的感觉绘制出来。

16 再去加工紫灰色的肌肉反光面，体积感就这样一步步的增强了。

17 用铅笔配合纯白，把油量的高光点点缀出来，这样肌肉的结构就表达的很强烈了。

18 再加工一下鬃毛的亮色，基本上马身的效果就出来了。

16.3 坐骑装饰细化

1 马身的鞍子嚼子部分有很多的金属装饰物，先把这些小结构用金黄色配合紫灰色反光完成。

2 马的牙齿用灰色表示一下。

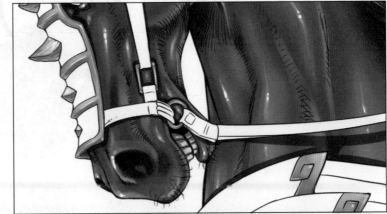

3 眼睛用通透的绿色来表达一下，记得点缀好高光点和最为通透的纯绿色。

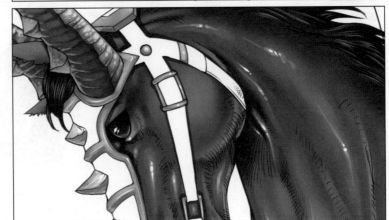

4 马身上写点"天书"，外部才有颜色，内部是透明的，可以利用Photoshop图层样式中的外发光来表达。

5 鞍子近处部分用土红来填充。

6 用亮一点的颜色把这些结构亮部绘制一下。

7 用更亮的颜色把细节表达一下，为了表示皮料的质感，会不断的加深和加亮。

8 用白色勾几点高光，皮革效果就出来了。

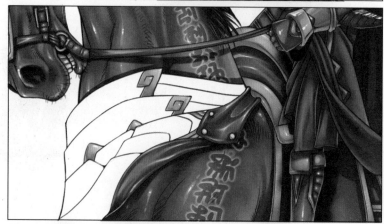

9 其他的空白部分就用灰绿色来填充。

10 用蓝黑色涂来涂去,造成类似不锈钢的金属效果。

11 再添加下亮部。

12 按照金属甲片的缝隙走向,添加些灰黑色的阴影。

13 最后按照结构勾些白色高光的沿边,金属效果就完成了。

1 后面的旗帜，先把几个大色块铺垫好，后面转折的地方稍微明度低一些。

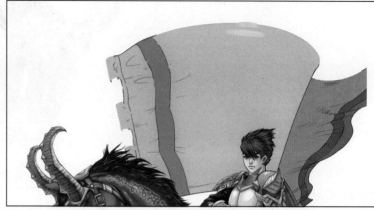

2 旗帜的上端做成飘扬的毛絮状。

3 中间给于纹样效果。

4 用大笔触把阴影绘制出来，阴影有实的一段，另外一段用水彩笔去虚化。

5 再用亮黄色把旗帜的皱褶亮部绘制出来，两端虚化，再添加下紫灰色反光面。

6 左端绑定的地方来一些红色的绳子。

7 再把杆子改成金属龙头即可。

16.5　Photoshop绘制背景

1 背景部分加入一些山川，在Photoshop中用滤镜中的杂色/中间值命令来完成。再用山川的剪影正片叠底上去，下面比较虚一些。

2 角色图层组合并后,给予外发光的图层样式。

3 再把旗帜的图层单独提出来,给予外发光样式。

4 角色和马匹的图层放置在上层,盖住龙头出来的部分。

5 复制一份角色图层,执行高斯模糊命令。

6 再把图层填充改为23%,这样就有一些朦胧的感觉。

7 胸口部分加上纹样效果，并且给于浮雕效果。

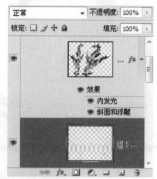

8 角色之前来些烟雾笔刷。

9 整个图像的左上角，来些叠加的蓝色光效。

10 最终用蓝绿色从上到下来个线性渐变，整个的加工就基本完成了。

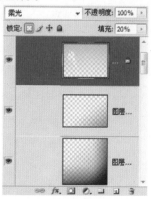

最终效果如下。

实例17
崖上的拦截者

这次的要求是半蹲在悬崖上的拦截者，线稿这次并没有准备，而是直接绘制，下面来看看具体的设计和上色过程。

17.1 整体造型线稿绘制

1 ▶ 先直接用黑色涂抹出整个角色的动态，半蹲着，手中拿着一个大石柱。

2 ▶ 把整个的颜色调灰，然后用黑色把暗面的结构表达一下。

3 ▶ 再来是亮面的表达，基本上区分出大体结构就可以了。

4 ▶ 整个调灰调亮，然后用黑线把结构表达的更清晰一些。

CG进阶 SAI+Photoshop男性动漫角色绘制技法

240

5 顺势把胸甲，肩甲手臂的结构表达出来。

6 整个的结构细化如下，差不多可以以其为草图开始直接绘制颜色了。

17.2 直接绘制身体部分

1 开始直接绘制，利用笔的混色值，加上水彩笔的颜色融合特性，快速的把颜色铺垫上去。头发方面按照草稿的头发纹路走向去拉色块。

2 颜色要鲜艳一些，多费些时间把细节做仔细，特别是鼻翼和头发部分，颜色多偏向紫红，亮部多加黄色，最后出来的效果是这个样子，是不是很像港漫的效果。

3 再来就是肩膀上的狮头了，一开始画的黑不要紧，后期可以通过叠加来把颜色调亮。

4 顺势下去就是黝黑的胳膊，上面绑着纹理比较粗糙的绷带，都要偏向紫红和黑色。

5 再来是铜黄色的胸甲，厚度要比较扎实。

6 旋转画面，再仔细的加工手臂部分的甲胄，整个偏紫红加橘红的效果，一定要把暗面和亮面拉开，过渡一定要柔滑，再把高光点点好，就可以很好的表达厚度和质感了。

7 同样的方式把腿部的甲胄补充好，主要还是橘红配合紫红，中间可以添加些蓝色作为配色。

8 鞋子也添加上去，稍黑一些。

9 再把裤子补充上去，而里面的一只脚颜色方面灰一些即可，细节不需要那么精致，配以灰黄灰绿，这样空间感就会拉开了。

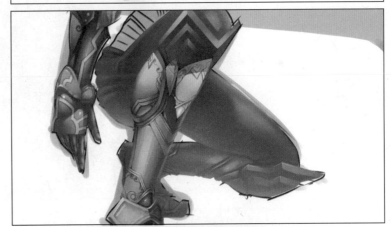

10 腰部腹部等也补上，暗一些，细节不必清晰，勾勒几个高光点代表一下就可以了。

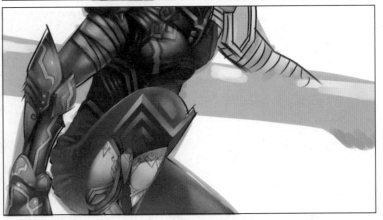

11 再把右边肩膀补完，中间是蓝色的配色花纹。

12 再把灰黄的胳膊，还有绷带补充好。

13 最后是石柱，找一根盘龙石柱的图案，置入以后把有些笔触用混色涂抹一下，然后把反光部分用紫红色加工一下，基本上角色就完成的差不多了。

17.3　Photoshop中绘制背景

1 转到Photoshop中，先把背景设置为黑色。

2 再利用狮头的选区,做一个白色的叠加图层,这样狮头会鲜亮起来。

3 同样来层粉红色的叠加图层,狮头逐渐偏红变亮,颜色饱和度马上上去了。

4 转到手臂,在手甲和手腕之间来一些紫红色的烟雾。

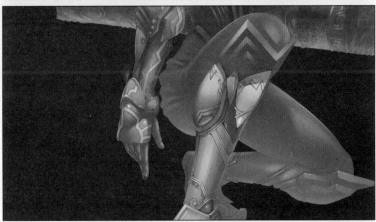

5 再转到狮头,给其类似于鬃毛的甲片部分来些黄色的叠加图层,不透明度设置为40%。

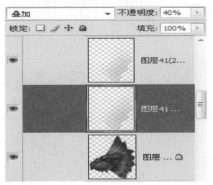

实例17 崖上的拦截者

6 肩甲与肩膀的缝隙，还有手甲与肘部的缝隙中，加入紫色的光效笔刷。

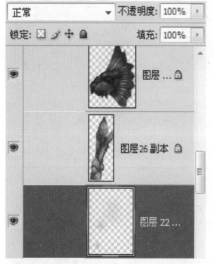

7 右键和脸部的间隙处也加入紫色光效笔刷。

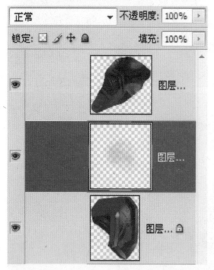

8 整个石柱上下两端也是一样加入紫色光效笔刷，因为背景是黑色，不太明显而已。

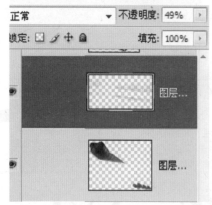

9 在其反光面添加一些黄色的光效烟雾笔刷,这样反倒通透一些。

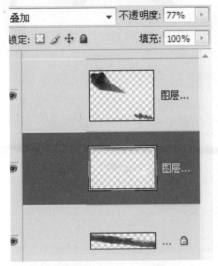

17.4 背景细节绘制

1 背景的黑色改成紫蓝色到黑色的线性渐变,然后来个比较模糊的山头的图片。

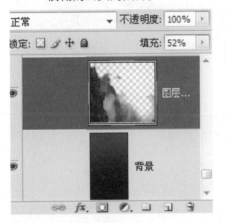

2 然后是悬崖的制作,用选区来一个奇石的图片,执行滤镜/杂色/中间值命令,再利用Photoshop中各式各样的奇怪纹理笔刷,把石头的缝隙,还有绿色的杂乱苔藓植物等表达一下,看起来差不多就可以,细化什么的不必。

3 在这个山崖的后方来一些树叶, 利用Photoshop中的树叶笔刷, 把笔刷设置中的散布数值调大一些即可。

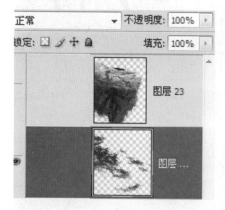

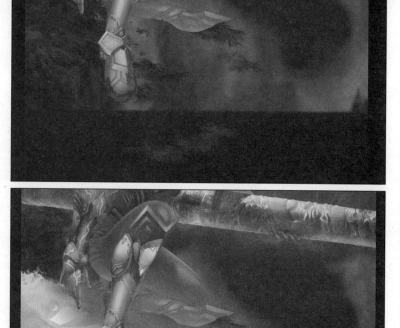

4 再来就是角色身下的阴影部分, 要灰一些而不是黑。

5 背景方面就用各种颜色的烟雾光效笔刷合成一下。

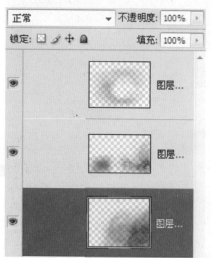

6 也来一些各式各样的颜色,主要是粉红粉紫中黄等,设置为叠加模式,上面再来些青色的叠加图层,这样一来角色会光鲜很多。

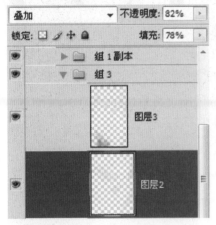

7 整个的前方来一层树叶效果,也是利用笔刷来完成。

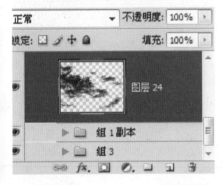

8 最后中间用白色叠加提亮,而周围使用黑色渐变加深,这样整个效果就基本完成了。

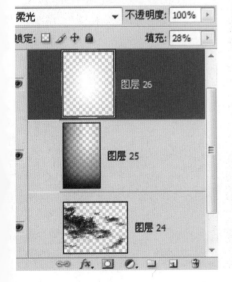

最终效果如下。

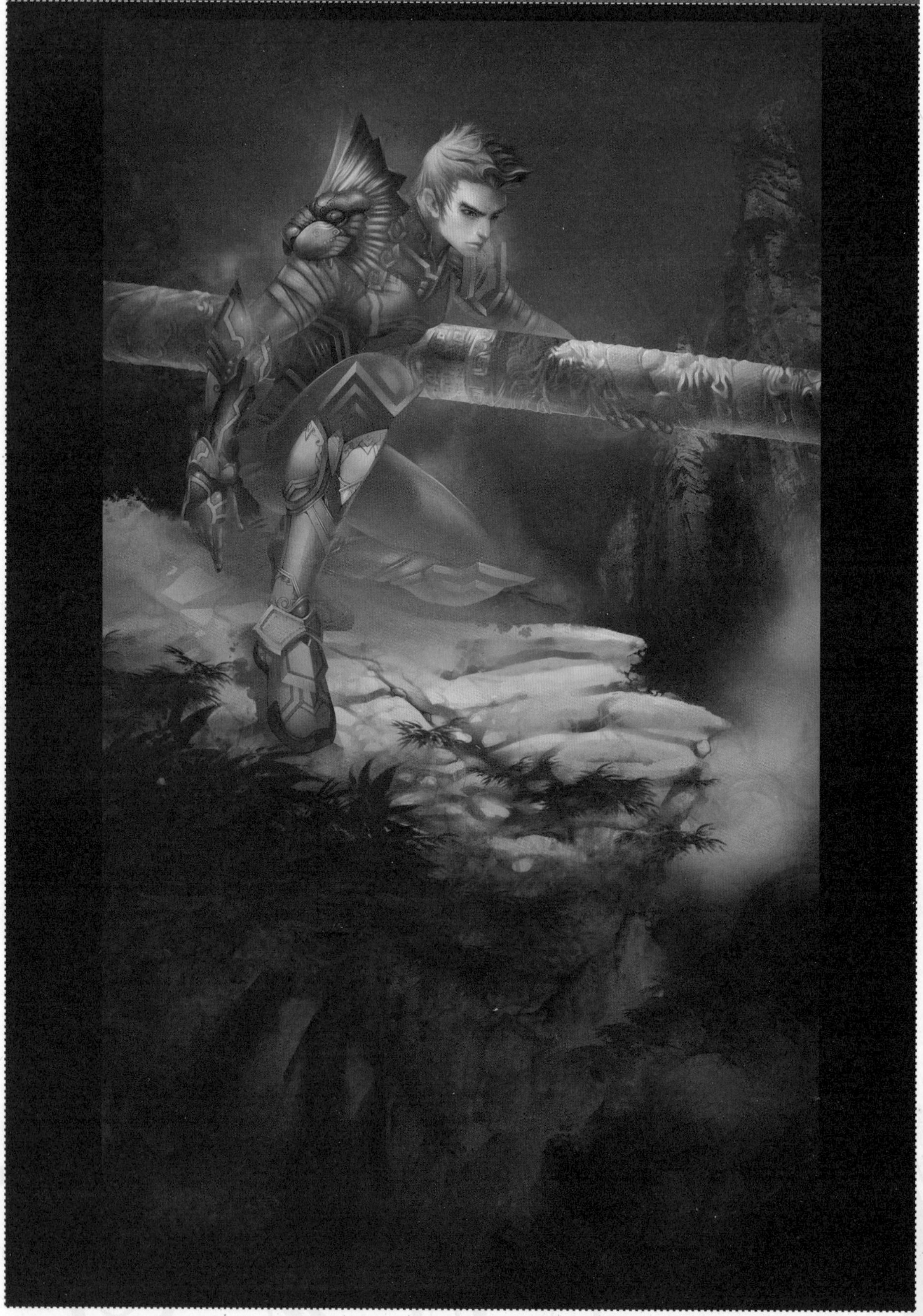